扫码看视频·种花新手系列

多肉
初学者手册

SUCCULENT

A BEGINNER'S GUIDE

新锐园艺工作室

U0255625

中国农业出版社

编 委 会

主　编　漫时光　招财猫

副主编　李　颖　龙　喜　房伟民　张　新　王　鹏

目 录
Contents

PART 1　多肉江湖初体验 …………………………………… 1

01　3分钟认识多肉 …………………………………… 2

　　从植物形态的角度定义 …………………………… 3

　　从生理生态的角度定义 …………………………… 3

　　从生长习性的角度定义 …………………………… 3

02　多肉带你玩穿越 …………………………………… 5

　　多肉的起源 ………………………………………… 6

　　多肉的发现 ………………………………………… 6

　　多肉的应用史 ……………………………………… 6

　　多肉的食用史 ……………………………………… 6

03　多肉带你游世界 …………………………………… 8

04　多肉植物常用术语 ………………………………… 10

PART 2　多肉用土那些事 …………………………………… 15

01　多肉配土知多少 …………………………………… 16

　　多肉营养土原料 …………………………………… 16

　　配土方法 …………………………………………… 18

02　铺面颗粒也缤纷 …………………………………… 19

PART 3　多肉安家有攻略 …………………………………… 23

01　来为多肉选个家 …………………………………… 24

02　一起来为多肉安家 ………………………………… 26

PART 4 多肉如何一变多 ···················· 31

01 多肉是如何长成的 ···················· 32

02 3步完成叶插繁殖 ···················· 34

03 3步完成分株繁殖 ···················· 35

PART 5 多肉养护私房秘笈 ···················· 39

01 多肉四季养护关键点 ···················· 40

夏型 ···················· 40

冬型 ···················· 41

春秋型 ···················· 42

02 多肉病虫害大作战 ···················· 43

PART 6 多肉花艺制作全记录 ···················· 47

01 美翻了！我的多肉新娘手捧花 ···················· 48

专业制作材料及工具 ···················· 48

多肉的加工与固定 ···················· 50

优美典雅的圆形多肉手捧花 ···················· 52

新颖别致的半月形多肉手捧花 ···················· 54

瑰丽柔美的瀑布形多肉手捧花 ···················· 56

02 多肉胸花让你秒变时尚达人 ···················· 58

温馨明快的婚礼用花 ···················· 58

庄重典雅的会议用花 ···················· 60

别具一格的宴请用花 ···················· 61

03 多肉花冠让你秒变小仙女 ···················· 64

04 多肉装饰你的美 ···················· 66

多肉发簪 ···················· 66

多肉发卡 ···················· 68

多肉戒指 ···················· 69

多肉项链 ···················· 70

多肉耳坠 ···················· 70

多肉手镯 ···················· 71

05 多肉相框让你与时光相会 ···················· 72

PART 7　200余种受欢迎的多肉图鉴 ················· 75

百合科（Liliaceae） ·· 76

芦荟属（Aloe） ··· 76
圣诞芦荟 ··············· 76　　　绫锦 ··················· 77
不夜城 ··············· 76　　　旋转芦荟 ··············· 77

沙鱼掌属（Gasteria） ··· 77
子宝 ··················· 77

十二卷属（Haworthia） ······································· 78
白银寿 ··············· 78　　　琥珀玉露 ··············· 80
日月潭寿 ············· 78　　　水晶掌 ··············· 80
西山寿 ··············· 79　　　雪花玉露 ··············· 80
玉露寿 ··············· 79　　　缨水晶 ··············· 81
裹纹冰灯OB1 ········· 79　　　姬凌锦 ··············· 81
帝玉露 ··············· 79　　　瑞鹤 ··················· 81
姬玉露 ··············· 80　　　玉扇 ··················· 81

刺戟木科（Didiereaceae） ··· 82

亚龙木属（Alluaudia） ··· 82
亚森丹斯树 ··········· 82　　　亚龙木 ··············· 82

大戟科（Euphorbiaceae） ··· 83

大戟属（Euphorbia） ··· 83
布纹球 ··············· 83　　　琉璃晃 ··············· 84
飞龙 ··················· 83　　　绿珊瑚 ··············· 84

白雀珊瑚属（Pedilanthus） ···································· 84
花叶红雀珊瑚 ········· 84

番杏科（Aizoaceae） ·· 85

对叶花属（Pleiospilos） ·· 85
帝玉 ··················· 85　　　亲鸾 ··················· 85

光玉属（Frithia） ·· 86
光玉 ··················· 86

菱鲛属（Aloinopsis） ·· 86
唐扇 ··················· 86

肉黄菊属（Faucaria） ·· 87
四海波 ··············· 87

肉锥花属（Conophytum） ······································· 87
白拍子 ··············· 88　　　寂光 ··················· 88

生石花属（*Lithops*） ……………………88

福来玉 ……………88　　　日轮玉 ……………90
富贵玉 ……………89　　　丸贵玉 ……………90
红窗玉 ……………89　　　微纹玉 ……………90
荒玉 ……………89　　　紫勋 ……………90
李夫人 ……………89

银叶花属（*Argyroderma*） ……………………91

金铃 ……………91

胡椒科（Piperaceae） ……………………91

草胡椒属（*Peperomia*） ……………………91

红背椒草 ……………92　　　塔叶椒草 ……………92

夹竹桃科（Apocynaceae） ……………………92

沙漠玫瑰属（*Adenium*） ……………………92

沙漠玫瑰 ……………93　　　波米那花 ……………93

景天科（Crassulaceae） ……………………93

风车草属（*Graptopetalum*） ……………………93

华丽风车 ……………93　　　奶酪 ……………95
姬胧月 ……………94　　　奶蛋 ……………95
姬秋丽 ……………94　　　艾伦 ……………95
蓝豆 ……………94　　　葡萄 ……………95
桃之卵 ……………94

伽蓝菜属（*Kalanchoe*） ……………………96

泰迪熊 ……………96　　　长寿花 ……………96
月兔耳 ……………96

厚叶草属（*Pachyphytum*） ……………………97

桃美人 ……………97　　　婴儿手指 ……………97
星美人 ……………97

景天属（*Sedum*） ……………………98

八千代 ……………98　　　劳尔 ……………100
薄雪万年草 ……………98　　　木樨景天 ……………100
黄金万年草 ……………98　　　天使之泪 ……………100
丸叶万年草 ……………99　　　小美女 ……………101
佛甲草 ……………99　　　新玉缀 ……………101
春萌 ……………99　　　信东尼 ……………101
村上 ……………99　　　乙姬牡丹 ……………101
黄丽 ……………100

莲花掌属（*Aeonium*）·················· 102

　　爱染锦·················· 102　　　　黑法师锦·················· 103

　　粉山地玫瑰·················· 102　　　　圆叶黑法师·················· 103

　　鸡蛋山地玫瑰·················· 102　　　　韶羞法师·················· 103

　　黑法师·················· 103　　　　艳日辉·················· 104

魔南景天属（*Monanthes*）·················· 104

　　瑞典魔南·················· 104

青锁龙属（*Crassula*）·················· 105

　　白鹭·················· 105　　　　黄金花月·················· 107

　　星乙女·················· 105　　　　新花月锦·················· 107

　　半球星乙女·················· 105　　　　筒叶花月·················· 107

　　星王子·················· 106　　　　梦椿·················· 108

　　十字星锦·················· 106　　　　茜之塔·················· 108

　　小米星锦·················· 106　　　　绒针·················· 108

　　赤鬼城·················· 106　　　　天狗之舞·················· 108

　　丛珊瑚·················· 107

石莲花属（*Echeveria*）·················· 109

　　AK玛利亚·················· 109　　　　奥利维亚·················· 114

　　阿尔巴比缇·················· 109　　　　回声·················· 115

　　昂斯诺·················· 109　　　　姬莲·················· 115

　　白凤·················· 110　　　　吉娃莲·················· 115

　　白夜香槟·················· 110　　　　锦司晃·················· 115

　　苯巴蒂斯·················· 110　　　　蓝鸟·················· 116

　　冰莓·················· 110　　　　蓝姬莲·················· 116

　　冰玉·················· 111　　　　蓝色惊喜·················· 116

　　东云乌木·················· 111　　　　劳伦斯·················· 116

　　东云缀化·················· 111　　　　绿爪·················· 117

　　斗牛士·················· 111　　　　迈达斯国王·················· 117

　　杜万里莲·················· 112　　　　魔爪·················· 117

　　粉兔·················· 112　　　　墨西哥花月夜·················· 117

　　芙蓉雪莲·················· 112　　　　墨西哥姬莲·················· 118

　　海琳娜·················· 112　　　　娜娜小勾·················· 118

　　荷花·················· 113　　　　七福神·················· 118

　　赫拉·················· 113　　　　三色堇·················· 118

　　黑王子·················· 113　　　　酥皮鸭·················· 119

　　玉蝶·················· 113　　　　特玉莲·················· 119

　　黑爪·················· 114　　　　天狼星·················· 119

　　红宝石·················· 114　　　　晚霞·················· 119

　　红缘东云·················· 114　　　　晚霞之舞·················· 120

小妖精 …… 120　　月光女神 …… 121

小红衣 …… 120　　玉珠东云 …… 122

秀岩 …… 120　　圆叶罗西玛 …… 122

雪兔 …… 121　　纸风车 …… 122

雨滴 …… 121　　紫罗兰女王 …… 122

玉杯东云 …… 121　　紫珍珠 …… 123

塔莲属（Villadia）…… 123

白花小松 …… 123

天锦章属（Adromischus）…… 124

太平乐 …… 124　　朱紫玉 …… 124

长绳串葫芦 …… 124　　花叶扁平章 …… 125

仙女杯属（Dudleya）…… 125

格瑞内 …… 125

银波锦属（Cotyledon）…… 126

达摩福娘 …… 126　　巧克力线 …… 127

乒乓福娘 …… 126　　熊童子黄锦 …… 127

轮回 …… 126　　熊童子白锦 …… 127

熊童子 …… 127

杂交属 …… 128

白牡丹 …… 128　　加州落日 …… 130

黛比 …… 128　　马库斯 …… 130

蒂亚 …… 129　　丘比特 …… 131

格林 …… 129

长生草属（Sempervivum）…… 131

观音莲 …… 131　　卷绢 …… 132

绫缨 …… 132　　紫牡丹 …… 133

百惠 …… 132　　羊绒草莓 …… 133

长生草 …… 132

菊科（Asteraceae）…… 133

千里光属（Senecio）…… 133

海豚弦月 …… 134　　七宝树 …… 134

蓝松 …… 134　　银月 …… 134

苦苣苔科（Gesneriaceae）…… 135

大岩桐属（Sinningia）…… 135

断崖女王 …… 135

萝藦科 …… 135

球兰属（Hoya）…… 135

　　　　球兰···················· 135

龙舌兰科（Agavaceae） ·· 136

虎尾兰属（*Sansevieria*） ·· 136
　　　　虎尾兰·················· 136

龙舌兰属（*Agave*） ·· 137
　　　　吹上···················· 137　　　　雷神·················· 138
　　　　鬼脚掌················ 137　　　　王妃雷神锦·········· 138
　　　　虚空藏················ 137

马齿苋科（Portulacaceae） ·· 138

回欢草属（*Anacampseros*） ·· 138
　　　　吹雪之松锦········ 139

马齿苋属（*Portulacaria*） ··· 139
　　　　树马齿苋············ 139　　　　雅乐之舞·········· 140

仙人掌科（Cactaceae） ·· 140

管状花属（*Cleistocactus*） ··· 140
　　　　吹雪柱·············· 140

金琥属（*Echinocactus*） ··· 141
　　　　金琥················ 141　　　　大龙冠·············· 141
　　　　裸琥················ 141

锦绣玉属（*Parodia*） ·· 142
　　　　英冠玉············ 142

强刺球属（*Ferocactus*） ··· 142
　　　　勇状丸············ 142

乳突球属（*Mammillaria*） ·· 143
　　　　银手球············ 143

丝苇属（*Rhipsalis*） ·· 143
　　　　猿恋苇············ 143

蟹爪兰属（*Zygocactus*） ··· 144
　　　　蟹爪兰············ 144

星球属（*Astrophytum*） ··· 144
　　　　星球·············· 145　　　　四角鸾凤玉········ 145
　　　　鸾凤玉············ 145　　　　螺旋般若·········· 145

岩牡丹属（*Ariocarpus*） ··· 146
　　　　龟甲牡丹·········· 146　　　　黑牡丹·············· 146
　　　　龙舌兰牡丹········ 146

多肉植物中文名索引 ··· 147

PART 1

多肉江湖初体验

Duorou Jianghu
Chutiyan

01 3分钟认识多肉

　　肉嘟嘟、颜值高，多肉植物一直深受人们的喜爱，风靡于当今都市，即使未见到它的真容，单听它的名字，就会一秒钟爱上它！这个独特又诱人的植物家族，你了解多少呢？下面就让我们一起去认识它吧！

　　多肉植物这个词由瑞士植物学家Jean Bauhin在1619年首先提出。

▶从植物形态的角度定义

根、茎、叶三种营养器官中至少有一种是肥厚多汁、贮藏着大量水分的植物被称为多肉植物。

断崖女王（根）　　　　　布纹球（茎）　　　　　海豚弦月（叶）

▶从生理生态的角度定义

多肉植物至少具一种肉质组织，这种肉质组织能贮藏水，在根系不能从土壤中吸收水分时，使植物能暂时脱离水分供应独立生存。

▶从生长习性的角度定义

夏型　刺戟木科、夹竹桃科（棒槌树例外）及龙舌兰属、丝兰属、大戟属（少数种例外）、国章属、马齿苋属和芦荟属的大部分种类要求较高的温度。气温在12～15℃时开始生长，低于此温度，则生长停滞，冬季基本上处于休眠状态。在长江流域和以北地区，一般3月上旬陆续进入生长期，11月底或12月初进入休眠期。在盛夏气温35～38℃时，很多种类生长停滞呈半休眠状态，待秋凉后再恢复生长。每年4～5月和10～11月是生长最旺盛的季节。

金边龙舌兰（夏型）

春秋型 番杏科中一些肉质化程度不高的草本或亚灌木、景天科的大多数种类、百合科的十二卷属、萝藦科的大部分种类、夹竹桃科的棒槌树、马齿苋科中回欢草属的大叶种，它们的最佳生长季节是春季和秋季。夏季生长迟缓，但休眠不很明显或休眠期较短。冬季如能维持较高温度也能生长，但其耐寒性较差。

姬玉露（春秋型）　　　　　　　　　　斗牛士（春秋型）

冬型 番杏科大部分肉质化程度较高的种类、马齿苋科回欢草属中具纸质托叶的小叶种、景天科奇峰锦属和青锁龙属的部分种、百合科的大苍角殿和曲水之宴、百岁兰、佛头玉等，均为冬型种，生长季节为秋季到翌年春季。冬季应维持较高的温度，最好能保持在12℃以上。夏季有长时间的休眠，通常气温达到28℃以上时即进入休眠阶段。

半球星乙女（冬型）　　　　　　　　　　生石花（冬型）

02　多肉带你玩穿越

　　多肉植物深得人心的江湖地位可不是一朝一夕得来的喔！多肉是一种古老的园艺植物，下面就让多肉带着我们一起穿越吧！

▶ 多肉的起源

　　仙人掌类植物的起源晚于白垩纪时期，大约6 500万年前（白垩纪后期），非洲板块和南美洲板块发生分离，两大陆物种开始独立演化。南大西洋扩张成大洋，形成新纵谷，马达加斯加岛从非洲分离，北大西洋纵谷渐往东北伸展。地中海雏形已可分辨，澳洲紧靠南极洲。多肉的形成是发生在大陆漂移之前还是之后呢？科学家们通过其地理分布及DNA的研究发现，一部分多肉植物早在大陆漂移前就已形成。

▶ 多肉的发现

　　大约23 000年前，人类通过巴拿马地峡迁移至南美洲，发现了仙人掌类植物。仙人掌类植物被作为食物和纤维的来源，它们被用于各种宗教仪式。世界上最早的多肉植物雕刻大约出现于公元前1 500年，在埃及北部卡纳克地区的埃及法老图特摩斯（Thutmosis）三世神庙祭祀室的墙壁上，记载了大约275种植

物，其中发现了拉丁名为 *Kalanchoe citrine* 的景天科伽蓝菜属植物浮雕，这可能是景天科植物引种并作为观赏植物的最早记载。我国栽培仙人掌已有悠久的历史，清代李调元的一首咏《仙人掌》诗云："应是巨灵仙，遗得拓山手，捧出太华莲，长献西王母。"就是对仙人掌的赞誉。

图特摩斯三世神庙前墙壁上植物浮雕

▶ 多肉的应用史

　　3 500～4 000年前，南美洲的农业活动出现、发展，人们使用拉丁名为 *Neoraimondia arequipensis* 的仙人掌科植物的长刺制作鱼沟，使用龙舌兰科万年兰属（*Furcraea*）植物叶片内的纤维制作钓鱼线。

▶ 多肉的食用史

　　人类食用仙人掌类植物的历史超过9 000年。在秘鲁安第斯山地区中部海拔4 200米的地区，人们发现了距今约11 800年之久的仙人掌类植物种子。在墨西哥和秘鲁，人们从一些超过9 000年前的粪便遗迹中发现了仙人掌亚科植物的种子。现在人们的餐桌上也可以发现仙人掌类植物的身影，比如芦荟、石莲花、瓦松、

马齿苋……但是，吃货们千万注意在下口之前记得查一下资料，有些多肉是有毒性的，譬如大戟科的多肉植物大多数有毒。

绿珊瑚（大戟科）

03 多肉带你游世界

　　你知道吗？摆在一起的那些多肉，可能来自不同的国家和地区。多肉植物在全球有上万种，原产地遍布除南北极大陆以外的世界各地，但以非洲和美洲较多，

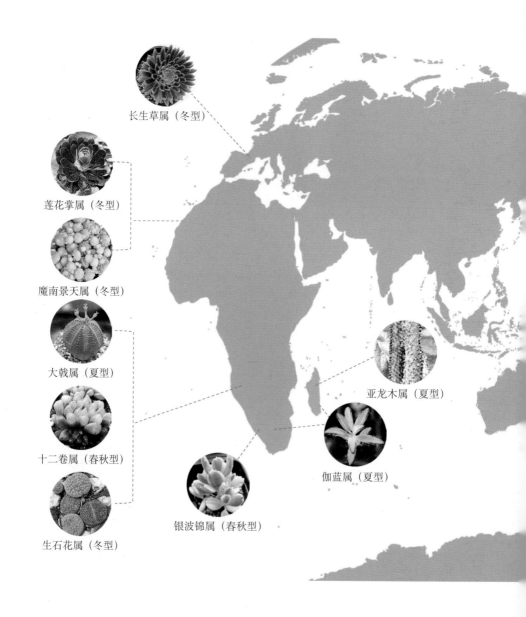

长生草属（冬型）

莲花掌属（冬型）

魔南景天属（冬型）

大戟属（夏型）

十二卷属（春秋型）

生石花属（冬型）

银波锦属（春秋型）

亚龙木属（夏型）

伽蓝属（夏型）

尤以非洲最为集中。主要分布地区有南非和纳米比亚地区、加那利群岛和马德拉群岛、马达加斯加岛及东非的索马里、埃塞俄比亚，北美，墨西哥和美国西南部，美洲热带雨林的边缘地区等。了解肉肉们的原产地，可以让我们更了解肉肉们的生活习性，培育出健壮、美观的肉肉。今天就让我们跟着多肉去环游世界吧！

风车草属（春秋型）

龙舌兰属（夏型）

金琥属（夏型）

石莲花属（春秋型）

草胡椒属（冬型）

04 多肉植物常用术语

黑王子（变种）

黛比（杂交种）

晚霞（单生）

属 指具有广泛特征的，含有一个种或多个种的一组植物，如景天属、石莲花属等。

种 可在种间进行繁殖，并能产生相似后代的一组植物被称为种。

亚种、变种与变型 为自然出现的种的变异，它们的划分要比种更细，在结构或形态上略有不同，如景天科石莲花属黑王子。

杂交种 如果将同属中的不同种在一起培育，它们可能会杂交，很容易出现双方亲本共有的混合特征。这种方法是被园艺工作者开发出来的，他们希望将两个截然不同的植物有价值的特征结合在一起。新的杂交种可以经过繁殖来增殖，如景天科石莲花属杂交种黛比。

品种 利用原种经人工选择或培育所产生的群体叫做品种。

单生 指植株茎干单独生长，不产生分枝和不生子球的植物，如景天科石莲花属晚霞。

　　群生　指许多密集的新枝或子球生长在一起，如长生草。

　　气生根　由地上部茎所长出的根，如天使之泪。

　　块根　由侧根或不定根增粗形成，多数呈块状或纺锤状的一种变态根，如断崖女王。

　　出锦　即斑锦变异，斑锦又称斑入，人们常在原种名称的后面加上"锦"字。斑锦变异，是指植物体的茎、叶甚至子房等部位发生颜色上的改变，如红、黄、橙、紫、白等。多肉植物的斑锦变异的数目和类型在植物界中可以首屈一指，这是和多肉植物特殊的生理生化特点密切相关的，如新花月锦、小米星锦、熊童子黄锦。

　　缀化　又称带化、鸡冠状变异。缀化是多肉植物中常见的畸形变异现象。缀化的产生是植株顶部的生长锥不断分生，加倍地形成许多生长点，并且横向发展连续成一条线，使原先的圆球形或筒形的球体，长成扁平扇状体、鸡冠形或扭曲成波浪形、螺旋状的畸形植株，如东云缀化（虎鲸）、黄金玛丽亚缀化。

　　石化　石化也称岩石状或山峦状畸形变异。主要是由于植株所有芽上的生长锥都不规则分生和增殖，促使植株的棱肋错乱，长成参差不齐的岩石状。

长生草（群生）

天使之泪气生根

新花月锦（出锦）

东云缀化（虎鲸）

缨水晶（软质叶）

条纹十二卷（硬质叶）

白　凤

徒　长

软质叶　多肉植物中柔嫩多汁、很容易被折断或为病虫害所害的有些种类的叶片，如缨水晶、玉扇等。

硬质叶　指多肉植物中一些叶片肥厚坚硬的种类，如条纹十二卷等。

莲座　指紧贴地面的短茎上，辐射状丛生多叶的生长形态，其叶片排列的方式形似莲花一样，如景天科石莲花属白凤。

徒长　徒长就是失去多肉植物原本矮壮的造型，茎叶疯狂伸长的现象，缺少日照，光线过暗，浇水又相对较多是主因。

老桩　指种植多年，枝干明显的多肉植物，通常这类多肉都极具观赏性，如蒂亚老桩。

叶插　指用多肉植物的叶片作为插条的繁殖方法。

枝插　指将剪下的多肉枝条作为插条称为枝插。

爆盆　当多肉生长旺盛，侧枝长大后，会长满整个花盆，这种生长密集的状态称为爆盆。由于爆盆多肉生长拥挤，底部很难通风，注意浇水不要积存太多水在叶片上。

窗　指叶片前端透明的部分。透明面较大称大窗，透明面几乎占满叶片称全窗。此外，不同品种有不同纹路，其奇妙花纹与透明质感是观赏的重点。

砍头 把多肉的头给砍了，用于枝插。基本适用于所有多肉，但容易破坏多肉的造型品相。

休眠 通常指多肉植物因高温或低温停止生长，生长缓慢，品种不同，休眠的特征也不明显，其中最明显的当为鸡蛋山地玫瑰。

有性繁殖 有性繁殖也叫播种繁殖，指经过减数分裂形成的雌雄配子结合后产生的合子发育成的胚再生长发育成新个体的过程。在多肉植物栽培中，因无性繁殖既方便又简单，因此应用也比较普遍。而有性繁殖是需要通过多肉植物开花、结果、播种、出苗等一系列复杂过程，难度也较大。但播种繁殖可一次性获得数量众多的种苗，适用于商品性生产需要。

无性繁殖 也叫做营养繁殖，是以植物细胞的全能性、细胞的脱分化并恢复分生能力为基础，使营养器官具有强烈的再生能力而实现的。多肉植物的无性繁殖主要分为扦插、分株和嫁接。

闷养 这是一种低温季节的养护方式，通常针对玉露寿、十二卷等喜湿品种，在植株上扣一个大于植株直径的塑料罩子，或覆膜、套袋等，这样可以为多肉制造一个小温室，增加其温度，让多肉变得水灵。

劳尔老桩

叶 插

鸡蛋山地玫瑰

闷 养

PART 2

多肉用土那些事

Duorou Yongtu Naxieshi

01 多肉配土知多少

▶ 多肉营养土原料

　　多肉植物不仅需要从种植基质中吸取水分，还需要进行空气交换。我们可以根据不同种类的多肉植物选择不同营养土原料，配制适合其生长发育的营养土。常见的营养土原料有园土、腐叶土、河沙、泥炭、椰糠、珍珠岩、蛭石、苔藓等。

园土　　　　腐叶土　　　　泥炭　　　　椰糠

珍珠岩　　　蛭石　　　　苔藓　　　　河沙

园土　指菜园、果园、花圃或种过豆科植物的苗圃表层的沙壤土。园土具有一定的肥力，是配制营养土的主要原料之一，但易板结，透水性较差。园土的pH因地区而异，一般北方园土pH7.0～7.5，南方园土pH5.5～6.5。

腐叶土　由树叶、杂草、稻秸等与一定比例的泥土、厩肥堆积发酵而成。腐叶土质地疏松，有机质丰富，保水保肥性能良好，呈酸性反应，pH5.5～6.0，是配制营养土的优良原料。

泥炭　低湿地带植物残体在多水少气的条件下，经过长期堆积、分解形成的松软堆积物。泥炭质地疏松，孔隙度在85%以上，密度小，透气、透水，保水性能良好，是配制营养土的优良原料。

椰糠　椰子外壳纤维粉末，是加工后的椰子副产物或废弃物，是从椰子外壳纤维加工过程中脱落下的一种纯天然有机质介质。经加工处理后的椰糠非常适合于培植植物。

珍珠岩　硅质火山岩加热至1 000℃时膨胀形成的具有封闭的泡状结构的轻团聚体。珍珠岩透气性、排水性良好，质轻，宜与蛭石、泥炭混合实用。

蛭石　由云母矿石在1 000℃高温炉中加热，其中的结晶水变蒸汽散失，体积膨胀而形成疏松多孔体。蛭石透气性、保水性良好，pH6.2左右，是常用的营养土原料之一。

苔藓　一种白色、粗长、耐拉力强的植物性材料，具有较强的透气性和保水性。

河沙　不含任何养分，通透性良好，pH6.5～7.0，在营养土中主要起通气排水的作用。

▶配土方法

所有类型的多肉植物都必须有完美的排水系统，因此配土要求疏松透气、排水性能好，还要含有适量的腐殖质。

多肉植物新手配比

泥炭：河沙＝1：1

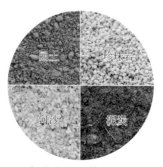

一般多肉植物营养土配比

园土：河沙：泥炭：珍珠岩＝
1：1：1：1

番杏科植物营养土配比

园土：河沙（粗）：椰糠＝
1：1：1，再加少许稻壳灰

多肉播种、扦插营养土配比

泥炭：蛭石＝1：3

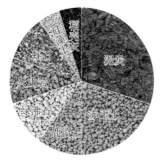

老桩的营养土配比

全颗粒土即泥炭：赤玉土：鹿沼土：
绿沸石：火山岩：蛭石：硅藻土：稻壳灰＝
6：4：2：2：2：2：1：1

多肉成苗营养土配比

半颗粒土即为泥炭与
全颗粒土1：1混合

温馨提示：多肉植物更喜欢砾石或沙质的土壤，而不需要大量的肥料。尤其重要的是不要重复利用其他植物生长过的土壤。选择崭新的土壤，可以尽量降低植物染病、染虫或其他问题的风险。

02　铺面颗粒也缤纷

　　我们在养多肉植物时，可以看到在土壤的上面还有一层小石头，就是铺面颗粒，它不仅让多肉变得更美，而且可以防止植株倒伏，还可以避免最下端的叶片直接接触过多的水分、土壤，防治发霉腐烂。此外，铺面颗粒可避免露天栽培的多肉被部分雨水的冲刷，也适合一些比较懒的小伙伴，下面我们就来介绍它们。

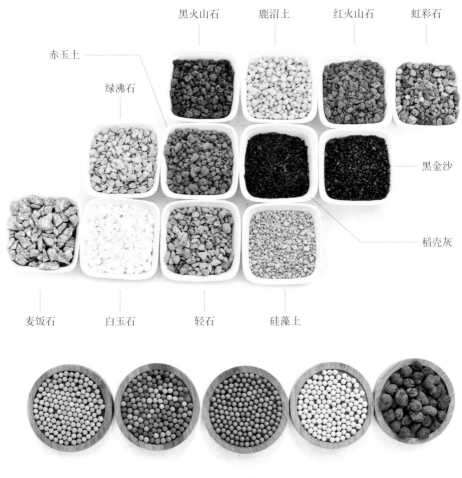

陶　粒

麦饭石

优点：一种天然的硅酸盐矿物，能够稳定、提高和平衡土壤的物理机能，能够活化和净化水并清除水中的有害物质，并含有很多有益的微量元素和矿物质，可以给多肉的生长提供长效的养分，感觉给小肉肉加了过滤层。

缺点：硬度高，重量大，成本比较高。

用法：可以直接作为多肉的铺面使用，也可搭配混合使用。

赤玉土

优点：一种高通透性的火山泥，暗红色圆状颗粒，没有有害细菌，pH呈微酸，其形状有利于蓄水又利于排水，含一定的营养，它看起来像是小肉肉的水库。

缺点：使用1～2年后容易粉化，不太合适发根。

用法：直接作为铺面颗粒使用，也可搭配混合使用。

火山石

优点：火山爆发后形成的一种多孔石头，富含各种矿物元素，不易粉化，透气排水性佳，包括黑火山石、红火山石等。

缺点：一般较少，成本比较高。

用法：可以直接作为铺面颗粒使用，也可搭配混合使用。

绿沸石

优点：铝硅酸盐类矿物，和麦饭石一样可用来改良土壤，具有很强的吸附性，提高土壤的保水、保肥能力，防止有效成分的流失。含多种有益微生物及代谢活性物质，可以净化土壤，有效抑制土壤中有害菌繁殖，提高肉肉抗病、抗旱、抗逆能力。

缺点：比较坚硬，有棱有角，有可能伤害到成长中的多肉植物。

用法：可用于作为铺面颗粒或是盆底的排水颗粒使用，也可搭配混合使用。

鹿沼土

优点：较轻，吸水性好，但容易粉化，一般用来铺面美观，可以通过颜色深浅判断盆土是否干燥。

缺点：质地柔软，易粉化，最好不作为扦插和发根使用。

用法：可作为铺面颗粒直接使用，也可搭配混合使用。

虹彩石

优点：轻石，绿沸石，火山石（熔岩石）等混合土。硬度高，不会粉化，吸水透气，是非常出色的颗粒多肉土。

缺点：尖锐且较重。

用法：可作为铺面颗粒直接使用，也可直接作为营养土使用，类须根多的肉肉，需要采用加入一半泥炭的虹彩石混合营养土进行种植。

黄金沙

优点：天然石在自然状态下，经水的作用力长时间反复冲撞、摩擦产生的非金属矿石，硬度大，颗粒小，有助于改善土壤的透水性。

缺点：营养成分含量低，起不到肥力作用。

用法：可作为铺面颗粒直接使用，也可搭配混合使用。

黑金沙

优点：在岩石学上是辉长岩的一种，建材市场上归为花岗岩石材，有细粒、中粒、粗粒之分，又有大金沙和小金沙之分。

缺点：营养成分含量低，起不到肥力作用。

用法：可作为铺面颗粒直接使用，也可搭配混合使用。

硅藻土

优点：一种生物成因的硅质沉积岩，它主要由古代硅藻的遗骸所组成。pH中性、无毒，悬浮性能好，吸附性能强，在土壤中能起到保湿、疏松土质、延长药效肥效时间。

缺点：松散，质轻，易粉化。

用法：可作为铺面颗粒直接使用，也可搭配混合使用。

轻石

优点：一种多孔、轻质的玻璃质酸性火山喷出岩，其成分相当于流纹岩。轻石在园艺种植中主要作为透气保水材料，以及土壤疏松剂。

缺点：轻石质轻、吹气就能飞走，粉化慢。

用法：可作为铺面直接使用，也可搭配混合使用。

稻壳灰

优点：排水通气，碱性，通常用来调配土壤酸碱度。便宜好用，并且富含钾肥，少量钙和镁，质地柔和有利发根。

缺点：十二卷属等喜欢酸性土壤的多肉植物不可使用

用法：可搭配混合使用，不可作为铺面颗粒直接使用。

白玉石

优点：呈白色、灰白色，色泽圆润，洁白无瑕，质感细腻，通体透彻。

缺点：没有任何肥力作用，只有美观。

用法：可作为铺面颗粒单独使用，也可以作为盆底排水使用。

陶粒

优点：硬度高，透气性好，内部呈细孔结构，间隙大，非常适合排水。

缺点：大小不统一，美观性稍差。

用法：可作为铺面单独使用，也可以作为盆底排水使用。

PART 3

多肉安家有攻略

Duorou Anjia You Gonglüe

01 来为多肉选个家

　　多肉植物用途广泛且适应性强，它们不需要太多土壤就可以很好地生长，因此它们成为了组合盆栽、创意水晶球和其他工艺品的理想植物。它们几乎可以在任何容器中生长，甚至是没有边框的容器，一些成功而有趣的花盆是用金属或其他材料制成的开放编织篮子。多肉植物是很好的花环和花柱的候选材料，可以用苔藓将其固定在花环和花柱上。

　　常见栽培容器有素烧盆、陶瓷盆、木盆、紫砂盆、塑料盆、创意花盆等，一起来看看这些花盆各自的优缺点。

1.素烧盆 又叫瓦盆，用黏土烧制而成。优点：透气性好，价格低廉，适用范围广；缺点：做工粗糙，色泽欠佳，易生青苔，且易破碎。

2.陶瓷盆 由高岭土制成，上釉的为瓷盆，不上釉的为陶盆。优点：外形美观，适用于室内装饰及展览用；缺点：瓷盆上釉，透气性不良，一般作套盆或短期观赏用。

3.木盆 由红松、杉木、柏木等木材制成，形状丰富。优点：坚韧耐用且不易腐烂，盆底留有出水孔，排水好；缺点：易滋生霉变。

4.紫砂盆 质地有紫砂、红砂、乌砂、春砂、梨皮砂等。优点：外形多样，造型美观，透气性适中；缺点：较吸热，容易干燥盆土。

5.塑料盆 优点：质地轻盈，价格低廉，便于购买；缺点：透水、透气性差。

6.创意花盆 优点：个性突出，美观大方；缺点：要求专业操作。

多肉植物最喜欢的容器是赤陶土陶罐，或者其他没有釉面的陶器。这些容器侧壁多孔可以让空气流动，有利于多肉植物通风透气。木制花盆也是一个不错的选择，孩子们的手推车、椅子或其他通常你不认为有种植潜力的东西，也可以作为多肉植物的种植容器。

通过对各个栽培容器的认识，我们可以清楚地了解到，选择花盆最主要的考虑因素是：花盆排水是否通畅。如果没有排水孔，水分无法排出，很可能造成多肉植物烂根等相关问题。现在很多人喜欢在水晶球里制作多肉盆景，这种水晶球必须是开放的，允许空气流通。

02 一起来为多肉安家

多肉植物耐旱，是种植各种工艺品的最佳选项，它能成功塑造美丽的花环、花柱、组合盆栽和更多创意园艺。多肉植物的栽植方法有很多种，以下讲述的是制作多肉花园所必需的基本知识。这些方法可用于创建户外花园或简单的室内盆栽植物。

我们先来看看制作多肉花园所需要的材料：

> **材料和工具**
> 多肉植物、花盆、配好的土、卵石陶粒、圆筒铲、气吹球、小铲子、塑料网片、镊子、剪刀、尖嘴喷壶、小锥子

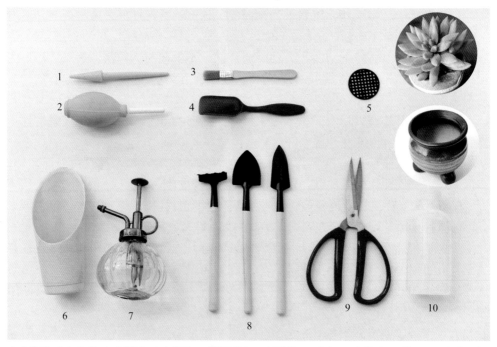

1.小锥子 2.气吹球 3.小刷子 4.小铲子 5.塑料网片 6.圆筒铲 7.喷壶 8.小铲子 9.剪刀 10.尖嘴吸壶

准备好材料之后，接下来就要开始制作了！

在花盆底部排水孔处放一片塑料网片，如果你的花盆有排水孔，可以跳过这一步。

将陶粒填满盆底，陶粒的厚度为2～3厘米。多肉植物的根不喜欢浸在水中，所以把根保持在水面以上。

用圆筒铲将配好的多肉营养土填满花盆的3/4。

用小锥子或小铲子在盆土的中央挖一个洞。

用小铲子或小镊子帮忙，小心地将植物的根系种入土中，用多肉营养土把花盆装满。

轻轻摇动花盆让土壤下沉，一定不要太用力哦。然后再在土壤的顶部放上一层陶粒、火山岩或其他铺面颗粒，这样可以防止土壤溅起，也可防虫害，而且看起来很漂亮。

用镊子去除多肉植物表面遗留的铺面颗粒。若多肉植物植株上遗留有铺面颗粒或土壤，可用镊子将铺面颗粒去除，再用气吹球轻轻吹去表面的残留土壤。

看介质的干湿程度，用尖嘴喷壶在铺面颗粒上适量补水即可。注意新栽的多肉植物禁暴晒，禁大量浇水，禁施肥和喷药。这样一颗多肉植物就栽好了！

除了种植一颗多肉植物外，你还可以在盆内混合种植多种类型或同一类型的多颗多肉植物。如果使用多种类型多肉植物，试着想象他们视觉上互补的方式。当你种植的时候，确定你的多肉植物状态良好，但不需要太舒适或娇惯。土壤要相当疏松，以利于排水，但不能过于疏松，否则植株容易倒伏。

你现在是肉肉们骄傲的主人了，照顾好它！

温馨提示：上盆前，多肉植物要清洗干净，然后自然晾干再进行栽种。同时上盆前也要对多肉植物进行整理修根，修剪掉过长的主根、或者受伤的根、干根、烂根。铺面时，应选用矿物质铺面，而不是树皮或其他有机物质。

PART 4

多肉如何一变多

Duorou Ruhe Yi Bian Duo

01 多肉是如何长成的

多肉植物肥厚多汁，体态很萌很可爱，深得萌系人群的喜爱，那怎么才能养好多肉呢？下面给大家分享一下多肉种植的一些小窍门。

材料和工具
种子、容器、多肉营养土、竹签、喷水壶、圆筒铲

开始动工啦！

▶ **STEP1 挑选种子**

要提高种子的发芽率，自然要挑选一些充实饱满的种子。注意：选好的种子要进行消毒，将种子用医用酒精浸泡1分钟左右马上取出，让酒精挥发后晾干即可播种。

▶ **STEP2 选择容器**

最好选用透气性好、盆口较大的容器，因为土壤容易干，这样选择有利于种子的发芽哦。

▶ **STEP3 放土**

泥炭：蛭石=1：3

　　在花盆中放入疏松透气、保水性良好的多肉营养土，土壤可以用泥炭、蛭石按1：3的比例混合调制。

▶ **STEP4 浇水**

晾干1小时

　　用喷水壶把土壤浇透，也可以把花盆放到水中，等到土壤完全浸湿后再拿出来，晾干1小时。

▶ **STEP5 放入种子**

　　把种子种在容器里，有两种方式，对于生石花、肉锥这类种子十分细小的多肉植物，可以均匀撒在土壤里；如果种子较大，可以直接点播，也就是用小竹签扎一些排列整齐的小凹槽，每个凹槽播入一粒种子。

▶ **STEP6 撒薄土**

　　种子种上后需要再撒上一层薄土，这样种子就可以安心发芽了。

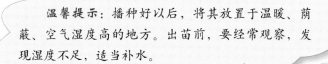

温馨提示：播种好以后，将其放置于温暖、荫蔽、空气湿度高的地方。出苗前，要经常观察，发现湿度不足，适当补水。

33

02 3步完成叶插繁殖

拥有粗壮的叶柄、叶脉或肥厚叶片的多肉植物，都可以进行叶插繁殖。接下来一起来完成叶插操作吧。

材料和工具
多肉营养土、喷壶、容器

▶ **STEP1 摘取叶片**

放置1～3天

▶ **STEP2 叶插**

正面朝上

把你想要繁殖的多肉植物叶片左右摆动，轻轻地从茎上摘下，放置1～3天。这里要注意了：不是所有叶片都能繁殖成功，建议取下一定数量的叶片，通常情况下，可以叶插繁殖叶片的特点是叶厚、叶大。

将干燥的叶片放在配好的营养土上。要注意的是：叶片摆放不要过密，要将叶片正面朝上！你将会发现繁殖是如何发生的，叶片慢慢长出根系并自动伸入土壤内部。

▶ STEP3 喷洒叶片

轻轻地用喷壶喷洒叶片，但不要太多哦。之后一段时间只要土壤干燥就用喷壶浇水。这里要特别注意：重要的是叶子完全干燥后才可以浇水，否则可能会腐烂哦。

3步叶插完成啦！现在需要的就是静静地等待。一个月后，你将会看到各种惊喜，叶片发芽生根，直到新一代的多肉诞生。

温馨提示：叶插苗需水量大，有直射阳光情况下，一般干燥天气每天浇1次水，阴天2～3天浇1次水。当肉肉的叶片长出根，可以将根部覆一层薄土，肉肉更容易存活。

03 3步完成分株繁殖

花盆里的多肉植物越长越大，渐渐地，花盆空间有些不够用了。遇到这种情况，该怎么办呢？别着急，下面就为大家介绍分株繁殖，只需要三步就可以完成。开始动工啦！

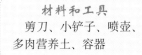

材料和工具
剪刀、小铲子、喷壶、
多肉营养土、容器

▶ STEP1 疏通根系

小心地把肉肉连根拔起，接着用手疏通根系，把粘在根部的泥土弄掉，再用剪刀剪掉病叶、病根，这样看上去更干净利落了。

▶ STEP2 分株

用手将丛生株掰成几个小丛株，每丛要留有根系。注意要小心分离，可不能弄伤根部哦。

► **STEP3 上盆**

选择好适合的花盆，参照为多肉安家的方法，将每个小丛株分别进行栽植并浇适量水即可。

温馨提示：如果植株分离的切口比较大，要先让其干燥一日再种植。

PART 5

多肉养护私房秘笈

Duorou Yanghu Sifang Miji

01 多肉四季养护关键点

　　不同类型的多肉植物对光照、水分、肥料、空气等方面的需求都不同，下面分别介绍夏型、冬型、春秋型多肉植物春、夏、秋、冬的养护管理要点，按照介绍的关键点好好照顾你的肉肉吧。

生长状态：生长缓慢
日照：阳光充足，免直射，通风
浇水：逐渐增加水量
施肥：停止施肥
温馨提示：防治虫害

生长状态：正常生长
日照：全日照，通风
浇水：见干见湿，浇则浇透
施肥：每月施肥1次
温馨提示：防治病虫害，适合
移栽、修剪、繁殖

 夏型

生长状态：休眠，生长停止
日照：阳光充足，免直射
浇水：停止浇水
施肥：停止施肥
温馨提示：不要靠近玻璃，以
免冻伤

生长状态：正常生长
日照：全日照，通风
浇水：见干见湿，浇则浇透
施肥：每月施肥1次
温馨提示：适合移栽、修剪、
繁殖

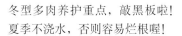

冬型多肉养护重点，敲黑板啦！
夏季不浇水，否则容易烂根喔！

生长状态：正常生长
日照：阳光充足，免直射，通风
浇水：见干见湿，浇则浇透
施肥：每月施肥1次
温馨提示：防治虫害，适合移栽、
修剪、繁殖

生长状态：休眠，生长停止
日照：半阴，通风
浇水：停止浇水、喷壶喷水
施肥：停止施肥
温馨提示：防治病虫害

冬型

生长状态：正常生长
日照：阳光充足，免直射
浇水：见干见湿，浇则浇透
施肥：每月施肥1次
温馨提示：适合移栽、修剪、繁
殖；不要靠近玻璃，以免冻伤

生长状态：生长缓慢
日照：阳光充足，免直射，通风
浇水：逐渐增加水量
施肥：停止施肥

生长状态：正常生长
日照：全日照，通风
浇水：见干见湿，浇则浇透
施肥：每月施肥1次
温馨提示：防治虫害，适合移栽、修剪、繁殖

生长状态：生长缓慢
日照：半阴，通风
浇水：停止浇水、喷壶喷水
施肥：停止施肥
温馨提示：防治病虫害

春秋型

生长状态：休眠，生长停止
日照：阳光充足，免直射
浇水：停止浇水、喷壶喷水
施肥：停止施肥
温馨提示：不要靠近玻璃，以免冻伤

生长状态：正常生长
日照：全日照，通风
浇水：见干见湿，浇则浇透
施肥：每月施肥1次
温馨提示：适合移栽、修剪、繁殖

02 多肉病虫害大作战

病 害 防 治

病害种类	病　状	病　因	防治方法
炭疽病	是危害多肉花卉的重要病害。茎部出现淡褐色水渍状病斑，后扩展呈棕色湿腐，致使植株腐烂	梅雨季节的高温多湿环境下，发病普遍且严重	保持栽培环境的清洁，通风、雨季少浇水，并注意防渍防湿 发病前或发病初期，50%多菌灵可湿性粉剂500倍液。每周喷洒1次70%甲基硫菌灵可湿性粉剂每隔7～10天喷1次，酌情连喷2～3次
猝倒病或立枯病	主要危害幼苗，发病部位在茎基部和根部，凹陷萎缩，迅速倒伏枯死。观察时，可见盆面一层白色絮状菌丝体	通风不良，光照不足，盆土和用具未经消毒，沾染丝核菌或猝倒菌所致	播种前应将种子、盆土、花盆及有关工具认真消毒，注意通风和适当光照 发病前或发病初期，50%多菌灵可湿性粉剂500倍液，或75%百菌清可湿性粉剂600倍液，每隔7～10天喷1次，酌情连喷2～3次
褐腐病	病菌从根部伤口侵入，沿维管束扩至全株，是一种细菌病原，常侵害球根或块茎类植株，患处呈褐色至深褐色，病状发展快，2天以内全株腐烂	浇水过量，盆土分潮湿，施用未腐熟的肥料，栽培场所通风不良，空气温度过大等均可引起该病的发生和蔓延	在病害尚未扩大时，切除病害部分，涂敷硫磺粉消毒，晾干伤口，另行扦插 改善土壤结构，适量浇水，加强栽培环境的通风降温 发病或发病初期，70%甲基硫菌灵可湿性粉剂800倍液喷施，每隔7～10天喷1次，酌情连喷2～3次
锈病	株茎、叶背表皮呈锈褐色，随着病态的发展，向四周蔓延，严重影响观赏价值	在长期高温多湿，通风不良的环境下容易引发和蔓延	加强栽培环境的通风除湿工作，减少直接向植株喷水次数 用50%代森胺水剂800倍液，或50%退菌特可湿性粉剂500倍液喷洒，每隔7天喷1次，连喷2～3次
白粉病	叶、嫩梢等处出现白色粉状物，严重时白粉斑连接成片，植株衰弱，叶片脱落	病原孢子随风传染，温室通风不良，透光性差和温度大等均易引发白粉病	改善温室的通风透光，降低温度。少施氮肥，适量增施钾、磷肥 喷洒15%粉锈宁可湿性粉剂或70%甲基硫菌灵可湿性粉剂1 000倍液，防治效果良好

（续）

病害种类	病　状	病　因	防治方法
煤污病	受害部位犹如沾染煤烟样，阻塞叶片气孔，防碍植株生长，降低观赏价值	温室通风不良，高温多湿伴随蚜虫、介壳虫的滋生而传播蔓延	加强栽培管理，减少养植密度，增强通风透光性。以治虫为主，喷洒2.5%吡虫啉可湿性粉剂2 000～3 000倍液，每隔7～10天喷1次，酌情连喷2～3次，即可毒杀蚜虫和介壳虫
斑点病	包括黑斑病、褐斑病和轮斑病等。受害部位出现不规则褐色或紫褐色斑点，斑点逐步扩大，致使植株局部或整株枯死	病原菌以菌丝体盘存在病残体上越冬，在湿闷的温室内或多雨季节容易传播	搞好栽培场所的卫生，减少侵染源。改善温室的通风降温工作。适当增施钾、磷肥，提高植株抗病力　喷施50%代森胺水剂1 000倍液，每隔7～10天喷1次，酌情连喷2～3次

虫 害 防 治

虫害种类	主要症状	防治方法
介壳虫	主要吸食茎叶叶液，使植株生长不良，不但严重损坏外观，甚至使整株枯死	以防为主，注意环境的通风透光，一经发现介壳虫应及时喷药杀灭，防止蔓延　受害初期，可用毛刷刷除，在若虫孵化期，2.5%吡虫啉可湿性粉剂2 000～3 000倍液，每隔7～10天喷1次，酌情连喷2～3次
红蜘蛛	吸取植株液汁，受害部位呈黄褐色斑痕，叶片枯黄败落，严重时植株死亡	改善栽培环境，做好通风降温工作，适当增加空气温度　用50%溴螨酯乳剂2 500倍液或一定剂量的三氯杀螨醇喷洒
蛴螬	为害植株根部、造成植株根系严重残损，影响植株正常生长	每年应翻晒盆土日光消毒、同时进行人工捕杀　用50%辛硫磷乳油1 000倍液泼浇根际周围，或用40%乐果乳油225～300克兑水5.25千克，拌土75～112千克毒杀
线 虫	植株受线虫为害之后，根部形成瘤状或肿大，甚至腐烂，严重时植株枯黄而死	耕松盆土，在盆土5厘米深处，放置用纸板承装已发芽的豌豆、蚕豆、玉米之类的诱饵，再覆土掩埋，经6～7天，将纸板及诱饵取出销毁　用10%克线磷颗粒剂或15%铁灭克颗粒剂2～3克，埋于近根处2～3穴毒杀
蜗牛和蛞蝓	夜间爬山啃食植株幼嫩茎叶，造成植株残缺	清除杂草、砖瓦等堆积杂物，发现害虫，随即捕杀　在温室等栽培场所阴暗角落撒生石灰，或施用80%灭蜗灵颗粒药剂

（续）

虫害种类	主要症状	防治方法
鼠妇和潮虫	喜欢潮湿环境，常啃食新根、植株幼嫩部位，或伤口处和新嫁接刀口部位，为害严重时，受啃伤口引起腐烂致死	结合翻盆换土时捕杀 花盆底部撒5%甲萘威粉剂，用药30毫克/盆
蟑螂和蚂蚁	喜啃食植株幼嫩部位及新嫁接的刀口部位，损坏植株，甚至导致嫁接处伤口腐烂	置放来蟑螂和蚂蚁的药物毒杀 将糖熬成糖稀状时加入少许敌百虫药液搅匀，放在花盆周围毒杀

PART 6

多肉花艺制作全记录

Duorou Huayi Zhizuo Quanjilu

01 美翻了！我的多肉新娘手捧花

近些年多肉植物也开始陆续登上手捧花的舞台，你是不是也被惊艳到了呢？下面将为大家介绍精美的多肉手捧花制作材料及制作过程，一起来感受绿意森森的味道吧。

● 专业制作材料及工具

把多肉植物制作成浪漫的新娘手捧花，专业的制作材料及工具是必不可少的，下面我们来一一介绍：

▼ 固定花材、叶材所需的多色纸胶带

▼ 固定花材、叶材所需的铁丝和竹签

▲ 缠绕花茎必不可少的彩色多样丝带

▲ 固定花束所需的麻绳

◀固定花束所需的胸花扣

◀包装花束的多色包装纸

◀工具：剪刀、枝剪、玫瑰钳、胶枪

▲植物材料：干花

▲植物材料：花材、叶材、多肉植物

● 多肉的加工与固定

在浪漫的多肉手捧花隆重登场之前，你要先让多肉植物的短茎变长，因此我们先学习多肉植物的加工和固定。

温馨提示：其他短小或者细弱的花材、叶材也可以按照以下步骤进行加工和固定。

材料和工具
选取材料中介绍的绿色纸胶带、0.7毫米粗的绿铁丝、多肉植物

▶ STEP 1

将多肉植物从花盆中取出，剥离盆土，适当修剪根系，以方便制作手捧花。

▶ STEP 2

将多肉植物的茎顶端放在细铁丝中部靠左的位置，使铁丝左短右长，用茎右端的细铁丝慢慢缠绕茎部并向下延伸。小心地缠绕，就不会让植物受伤，也不影响铁丝拆除后再次种植。

▶ STEP 3

如果根较少，用铁丝缠绕茎部即可；如果根较多，尽量用铁丝将根系也做一些缠绕。

▶ **STEP 4**

　　为了与植物色彩搭配，选用绿色纸胶带（简称绿胶带）将细铁丝与植物根茎部缠在一起。缠绕多半时，预估需要用的绿胶带长度，将胶带剪断。从下往上反方向继续缠绕，直到绿胶带用完。

▶ **STEP 5**

　　多肉植物的加工和固定完成啦，多肉手捧花准备登场。

温馨提示：对于茎短的多肉植物，我们可以先用铁丝将竹签固定在茎部，再缠绕绿胶带，这样更加牢固。

● 优美典雅的圆形多肉手捧花

材料和工具

绿色纸胶带、0.7毫米粗的绿铁丝、银色丝带、剪刀、胸花扣、石莲花属多肉植物、洋桔梗、满天星、尤加利

▶ **STEP 1**

　　将多肉植物加工与固定好，保持基本等长，合并在一起形成初步的圆形构图，用洋桔梗、满天星、尤加利作为衬花材用来填补空间，形成一个四面观的丰满构图效果，美美的圆形手捧花雏形就诞生了。

► STEP 2

　　将银色丝带从中间剪开，剪口长约15厘米。用丝带将植物茎系紧，自上而下小心缠绕，然后再自下而上缠绕一层，效果会更好，缠绕完毕记得要系紧丝带，用剪刀将握柄底部多余的植物剪去。银光灼灼的花束握柄就出现啦。

► STEP 3

　　用银色丝带制作蝴蝶结，女王胸花扣刚好可以将飘逸的蝴蝶结固定在花束握柄中央，完美的圆形多肉手捧花完成啦！

● 新颖别致的半月形多肉手捧花

材料和工具
绿色纸胶带、0.7毫米粗的绿铁丝、包装纸、麻绳、剪刀、石莲花属和青锁龙属多肉植物、白色玫瑰、加拿大一枝黄杨

▶ STEP 1

　　半月形多肉手捧花雏形的制作方法与圆形多肉手捧花基本一致，但构图就有所不同了，我们要用花材打造中间大两边小的半月形。

▶ STEP 2

　　把咖啡色麻丝折成不规则三角形，包在花束雏形的外侧，再用白色镂空包装纸装饰在花束最外层，可以让一束多肉手捧有自然、清爽、温暖的感觉。

▶ STEP 3

　　用麻绳将包装纸系紧，用剪刀将握柄底部多余的植物剪去，半月形多肉手捧花就做好了。

● 瑰丽柔美的瀑布形多肉手捧花

材料和工具
绿色纸胶带、0.7毫米粗的绿铁丝、香槟色丝带、胸花扣、剪刀、莲花掌属和石莲花属多肉植物、白色玫瑰、满天星、火龙珠、肾蕨

▶ **STEP 1**

先用多肉植物和白色玫瑰做主花材拼搭成椭圆形主体，再用满天星、火龙珠填补空间，最后用肾蕨的叶子修饰下端，流畅的线条即可完美呈现。

▶ **STEP 2**

用绿色纸胶带将植物缠绕固定，将握柄底部多余的植物剪去（也可以待丝带缠绕完毕之后再剪）。

► STEP 3

　　花束握柄包裹香槟色丝带，让它看起来更高贵丝滑，制作过程与圆形手捧花类似。

► STEP 3

　　用镂空丝带制作蝴蝶结，用女王吊坠胸花扣将其固定在花束握柄中央，飘逸洒脱的瀑布形多肉手捧花就完成了。

　　好了，三种构图的多肉手捧花就介绍到这里，是不是别有一番情致呢，赶快动手来试试吧！

02 多肉胸花让你秒变时尚达人

　　胸花作为服饰的点缀物，总能很好地提升主人气质，多肉胸花作为新晋时尚界的宠儿，更加能够夺人眼球。下面介绍三种可应用于不同礼仪活动的多肉胸花制作过程。

● 温馨明快的婚礼用花

材料和工具

　　绿色纸胶带、0.7毫米粗的绿铁丝、绿丝带、剪刀、枝剪、三角小别针（适用于轻薄类衣料）、多肉植物、干花

▶ STEP 1

　　用剪刀修剪多肉，去除多余根部，确保花梗保留5厘米左右。

▶ STEP 2

　　先将表面光滑的干花用绿铁丝缠绕固定，把干花作为衬花材放于多肉周围，再用绿色纸胶带把多肉和干花紧紧地黏在一起，形成一个小花束握柄。

► STEP 3

将三角小别针和小花束黏起来，再用枝剪将茎的底部修剪整齐。

► STEP 4

用飘逸的绿丝带包裹握柄并系紧，左边丝带剪一个V形口，右边丝带剪一个斜切口，一束温馨明快的胸花就制作完成啦！

● **庄重典雅的会议用花**

材料和工具
绿色纸胶带、长15厘米的竹签、
白丝带、剪刀、枝剪、珍珠针、
多肉植物

▶ **STEP 1**

用剪刀修剪花材，将其加工固定，为下一步制作做好准备。

▶ **STEP 2**

用绿色纸胶带把植物们紧紧地黏在一起，形成一个小花束握柄。用镂空白丝带包裹握柄并系紧，在握柄上下分别插入一根珍珠针以固定丝带。

▶ **STEP 3**

　　取一根珍珠针插入握柄中部，用来将胸花固定在衣服翻领上。最后将多余的竹签修剪掉，庄重典雅的会议用花就完成啦！

● 别具一格的宴请用花

材料和工具

　　绿色纸胶带、15厘米长的竹签、麻绳、剪刀、枝剪、三角大别针（适用于厚重类衣料）、多肉植物、加拿大一枝黄花

▶ **STEP 1**

　　用剪刀修剪花材，将其加工固定，为下一步制作做好准备。

▶ STEP 2

用绿色纸胶带把植物们紧紧地黏在一起，形成一个小花束握柄。

▶ STEP 3

较长的花材放在后面，分莲花属的多肉放在前面，使之高低错落。将三角大别针和小花束黏起来，再用枝剪将茎的底部修剪整齐，并对胸花进行简单整理。

► **STEP 4**

　　按照图示步用麻绳在握柄下方做一个环，将胸花握柄由上而下缠绕。留3厘米线头并剪断麻绳，将线头穿入做好的环中并拉紧，最后剪掉多余的线头，一束别具一格的胸花就制作完成啦！

　　不同风格、适用不同场合的多肉胸花，现在你都学会制作了吗？快来动手制作吧，感受它给你带来的清新与时尚！

03 多肉花冠让你秒变小仙女

如何才能快速变身小仙女？一顶清新脱俗的多肉花冠最合适不过了。

材料和工具：
2毫米粗的绿铁丝、0.8毫米粗的绿铁丝、多肉植物若干、加拿大一枝黄花、绿色纸胶带、丝带、钳子、剪刀。

▶ **STEP 1**

制作出多肉花冠的基座，粗铁丝为主线做圆圈，细铁丝缠绕固定，编造出一个适合佩戴者头型大小的圆环。

▶ **STEP 2**

选择一些颜值较高、茎干长度较长的多肉枝条，用绿色纸胶带对多肉植物进行加工和固定。多肉比较娇嫩，加工的时候注意不要太过用力导致多肉茎干或者叶片损伤，但同时要注意绑得牢靠点。

▶ **STEP 3**

用绿色纸胶带将多肉植物茎部与花冠的圆环黏在一起。

▶ **STEP 4**

剩下的就是你自由发挥的时候，重复上述步骤，像多肉拼盘一样，拼出圆环的1/2。

▶ **STEP 5**

最后，用丝带将剩余圆环包裹起来，属于你的美丽多肉花冠就做好了。

04 多肉装饰你的美

你还在以为饰品就是钻石水晶、金银珠宝吗？那你就out啦！今天教你用多肉制造美美的天然饰品。

● 多肉发簪

▶ **STEP 1**

用剪刀修剪花材以便于制作。

▶ **STEP 2**

提前给胶枪通电加热，做好粘贴准备。

材料和工具
DIY发簪，石莲花属多肉植物，胶枪、剪刀

温馨提示：胶枪加热后，枪头和胶的温度非常高，小心烫伤。若担心烫伤，请提前准备好手套。

▶ **STEP 3**

　　用胶枪给发簪点胶，按照你喜欢的组合方式将多肉植物粘贴到发簪上，静置
1分钟，以保证粘贴牢固，这样独具魅力的发簪就做好啦。

● 多肉发卡

多肉发卡的制作方法可以参照多肉发簪的制作步骤，这里只做简单图示。

材料和工具
带基座的发卡、石莲花属多肉植物、胶枪、剪刀

温馨提示：依据发卡的规格选择不同大小的多肉植物作为制作材料，以便于更好地体现发卡特色。胶的温度非常高，如果担心烫伤的话，请提前准备好手套。

● 多肉戒指

多肉戒指的制作方法可以参照多肉发簪的制作步骤，这里只做简单图示。

材料和工具
有戒托或有一定宽度的戒指、多肉植物、胶枪、剪刀

温馨提示：选择戒指时要尽量选择设计常规、材料单一、戒面宽厚、不镶嵌宝石的戒指，方便具体操作；戒面较窄，因而选择小型或微型多肉植物。胶的温度非常高，如果担心烫伤的话，请提前准备好手套。

● 多肉项链

　　多肉项链的制作方法可以参照多肉发簪的制作步骤，这里只做简单图示。

材料和工具
　　带挂坠的项链，石莲花属多肉植物，胶枪、剪刀

温馨提示：选择有挂坠的项链，挂坠的样式简单，坠面最好大一些。胶的温度非常高，如果担心烫伤的话，请提前准备好手套。

● 多肉耳坠

　　多肉耳坠的制作方法可以参照多肉发簪的制作步骤，这里只做简单图示。

材料和工具
　　耳坠、石莲花属多肉植物、胶枪剪刀

温馨提示：选择坠面大一些的耳坠，选择小型石莲花属多肉植物，便于操作。胶的温度非常高，如果担心烫伤的话，请提前准备好手套。

● 多肉手镯

多肉手镯的制作方法可以参照多肉发簪的制作步骤，这里只做简单图示。

材料和工具
手镯，石莲花属多肉植物，胶枪、剪刀

温馨提示：选择镯面较宽的手镯，选择中小型石莲花属多肉植物，便于操作。胶的温度非常高，如果担心烫伤的话，请提前准备好手套。

05 多肉相框让你与时光相会

多肉相框，一个袖珍型的多肉花园。看着这赏心悦目的图片，你是不是也想把它带回家呢？下面就来一起学习多肉相框的制作吧。

材料和工具
种植专用相框（建议使用有底孔的相框），多肉营养土，苔藓，铁丝，镊子，多肉植物

▶ **STEP 1**

开始制作前，提前将苔藓浸泡在水中充分吸水。

▶ **STEP 2**

将相框平放，多肉营养土铺满相框的2/3，再加入挤去水分的苔藓，压紧。

▶ **STEP 3**

用长短合适的铁丝卡在相框里，用来固定苔藓，这样相框能更快的竖着摆放。

▶ **STEP 4**

用剪子修剪多肉植物的根系，用镊子小心地在苔藓上植入肉肉，并压紧，可以一边种植，一边用苔藓填补孔隙。

▶ **STEP 5**

整体种植完成后，平放半个月，让根系长好并固定住苔藓更佳。

PART 7

200余种受欢迎的多肉图鉴

200yuzhong Shouhuanying de Duorou Tujian

百合科（Liliaceae）

　　百合科是多肉植物中最重要的科之一，该科多肉植物为单子叶植物，草本，有根茎或鳞茎，叶多为莲座状排列或两列叠生。

芦荟属（*Aloe*）

原产地	南非、马达加斯加、肯尼亚以及阿拉伯南部
生长型	夏型
浇水	💧💧◇◇◇
光照	☀☀☀☀☀
施肥	生长季每2～3周施肥1次
繁殖方法	播种、分株、扦插
养护难度	★★★★★

　　芦荟属植物多有短茎，叶肉质，呈莲座状簇生或有时2裂着生，先端锐尖，边缘常有硬齿或刺。花茎生于叶丛中，总状或伞形花序。花被圆筒状，有时稍弯曲，6枚雄蕊，着生基部。蒴果具多数种子。花期夏季。喜温暖、干燥和阳光充足环境，不耐寒，耐干旱和半阴，忌强光和水湿。

圣诞芦荟

学名：*Aloe* 'Christmas Carol'

别名：圣诞颂歌

　　叶片绿色，叶面覆盖有凸起的白色或红色疣点，叶缘有齿，状态好时呈红色。圣诞芦荟喜温怕冷，喜强日照，盛夏中午需适当遮阴。

不夜城

学名：*Aloe mitriformis*

别名：不夜城芦荟、诺比里斯芦荟

　　多年生肉质草本。茎粗壮，直立或匍匐，顶生莲座状叶丛。叶披针形，肥厚，叶缘有淡黄色锯齿状肉刺，叶表散生淡黄色肉质凸起。花深红色，总状花序。

　　注：1颗水珠💧◇◇◇◇代表1个月浇1次水，2颗水珠💧💧◇◇◇代表1个月浇2次水；3颗太阳☀☀☀◯◯代表1天照3小时阳光，4颗太阳☀☀☀☀◯代表1天照4小时阳光，以此类推。注意休眠期适当遮阳，减少浇水量。皇冠代表多肉植物的珍稀程度，皇冠数量越多珍稀等级越高，最高等级为👑👑👑。

绫锦

学名：*Aloe aristata*

　　多年生肉质草本，株高可达12厘米，叶片呈莲座状，叶表有小白色斑点和白色软刺，叶缘具细锯齿，深绿色。花橙红色，花期秋季。绫锦耐寒性较好，刚栽植时少浇水，生长期可多浇，休眠期适当控制浇水。

旋转芦荟

学名：*Aloe polyphylls*

别名：多叶芦荟，芦荟女王

　　世界上最珍贵的高山芦荟，被列为濒危物种。多年生肉质草本，多单生。叶片三角形，叶缘小硬刺，莲座状旋转排列。叶片绿色至黄绿色。花红色，花柄有分枝。旋转芦荟成株开簇状花，花红色。

沙鱼掌属（*Gasteria*）

原 产 地	非洲西南部及亚洲南部
生 长 型	夏型
浇　　水	●●◇◇◇
光　　照	●●●●○
施　　肥	生长季每4～5周施肥1次
繁殖方法	播种、分株、扦插
养护难度	★★★★☆

　　多年生肉质植物，无茎，单叶两侧互生，带状，叶片坚硬，深绿或淡灰绿，有时稍微带红色。总状或圆锥花序，花管状或筒状，基部膨大，顶部绿色。花期春末至夏季。喜温暖、干燥和阳光充足环境，不耐寒，耐干旱和半阴，忌水湿和强光。

子宝

学名：*Gasteria gracilis*

　　观叶类草本花卉，幼株叶两列叠生，成年后随着叶片数量的增多，叶片逐渐排列成莲座状。总状花序。植株小巧，外形可爱，成活率高。

十二卷属（*Haworthia*）

原 产 地	南非和西南非
生 长 型	春秋型
浇 水	◐◐◐◐◌◌
光 照	☀☀☀◌◌
施 肥	生长季每月施肥1次
繁殖方法	扦插、分株
养护难度	★★★★★

　　植株矮小，单生或丛生，叶片呈莲座状排列，或两列叠生，或螺旋形排列成圆筒状，按其叶质的不同可分为软叶系、硬叶系两类，叶形从线形至宽阔的卵圆形或三角形。总状花序，花小，管状或漏斗状。花期春末至夏季。喜温暖、干燥和明亮光照的环境，不耐寒，怕高温和强光，不耐水湿。

白银寿

学名：*Haworthia emelyae* var. *emelyae*

♛♛

　　多年生肉质草本植物，植株矮小、无茎。叶短而肥厚，螺旋状生长，呈莲座状排列，半圆柱形，顶端呈水平三角形，截面平而透明，"窗"上有明显脉纹。花梗很长，白色筒形小花。

日月潭寿

♛♛♛

　　叶片肉质饱满，呈暗紫色，由里到外逐渐加深，"窗"亮透光滑，叶脉纹路暗紫色，深得花友们喜爱。

西山寿

学名：*Haworthia mutica* var.*nigra*

　　植株无茎，肉质叶排成莲座状，株幅可达12厘米。叶肥厚饱满，上半部呈凸三角形，叶色浓绿至墨绿色，顶面光滑，呈透明或半透明状，有灰白色至淡绿色脉纹，无白点，强光照射下叶脉呈微红。

玉露寿

别名：大窗玉露

　　玉露和寿的杂交，有玉露的形态，又继承了寿的大"窗"，比较喜阴。

裹纹冰灯 OB1

　　华叔2007年培育的三代裹纹冰灯，通体颜色为墨绿色，叶片顶端无毛刺。

帝玉露

学名：*Haworthia cooperi* var. *dielsiana*

　　植株比姬玉露要大，叶尖有细长的纤毛，"窗"晶莹剔透，整个植株轻微向叶心合拢，叶片常年翠绿色，光照充足会出现红褐色，休眠期为蓝绿色。

姬玉露

学名：*Haworthia cooperi* var. *truncate*

　　玉露的小型变种，叶片通透，呈舟型，亮绿色，先端肥大呈圆头状，叶缘无毛刺，只在顶端有一根长毛，深色纹路一直延伸到叶尖总状花序，花白色。

琥珀玉露

别名：翡翠玉露

　　玉露的色素变异个体，叶及"窗"都不大，外围叶子为绿色或黄绿相间，新叶为黄色，颜色如琥珀色一般，纹路可及"窗"顶，"窗"顶部有毛，株型不紧凑。

水晶掌

学名：*Haworthia cooperi* var. *translucens*

别名：青云舞、瑞光龙、青风、三角琉璃莲、三角玻璃莲

　　多年生肉质草本植物，植株初为单生，以后逐渐呈群生。肉质叶呈紧凑的莲座状排列，比玉露尖且长，叶表呈翠绿色，上半段有透明或半透明状"窗"。

雪花玉露

　　雪花玉露是叶片短小并且呈三角状的尖头玉露。叶冠通透发淡绿色，有白色斑点状雪花，叶顶部只长有细小的毛。几乎不长出侧芽，株型呈莲座状。

缨水晶

学名：*Haworthia cooperi* var. *picturata*

别名：御所樱、樱水晶

非常好养的一个品种，叶片匙状，前端尖，叶尖及两侧有细毛，通透感强，如同玉石雕刻而成。阳光较充足时，脉纹呈褐色。

姬凌锦

学名：*Haworthia herbacea*

叶片呈三角形，下部宽，项端尖，排列紧凑，叶尖及两侧有细毛。肉质叶呈紧凑的莲座状排列，翠绿色，半透明装，叶片上有透明班点，通透感强。

瑞鹤

学名：*Haworthia marginata*

多为单生，很少出侧芽，株型较大，株幅达15厘米左右，叶片肥厚坚硬，狭长三角形，表面绿色或灰绿色，光滑而又光泽，叶片两侧及背部有透明的硬棱。

玉扇

学名：*Haworthia truncate*

别名：截形十二卷

植株低矮无茎，叶片肉质直立，往两侧直向伸长，稍向内弯，对生，排列于两侧，呈扇形，顶部略凹陷，呈截面状，像被刀切过。总状花序，白色。

81

刺戟木科（Didiereaceae）

该科仅4属11种，是马达加斯加特有的科。

亚龙木属（*Alluaudia*）

原 产 地	马达加斯加
生 长 型	夏型
浇 水	💧💧🗆🗆🗆
光 照	☀☀☀☀☀
施 肥	生长季每2～3周施肥1次
繁殖方法	播种、扦插、嫁接
养护难度	★★★★★

灌木或小乔木状多年生肉质植物，且为开花植物。树干粗壮，肉质，茎有棘刺，刺较粗短。叶片肉质，叶形多变，如卵圆形、心形或鱼鳞状，在旱季脱落，生长季节再长出。聚伞花序，单生，花期夏季。由于稀少，亚龙木全属都被濒危野生动植物种国际贸易公约列为二级保护植物。喜阳光充足和温暖干燥的环境，稍耐半阴，不耐寒，忌阴湿。冬季落叶休眠。

亚森丹斯树

学名：*Alluaudia ascendens*

树形态奇特，茎干表皮白色至灰白色，有棘刺。叶片生于其间，绿色，肉质长卵形至心形，对生，具细锥状刺。株高3～5米，分枝少。花序长30厘米左右，小花黄色或白绿色。

亚龙木

学名：*Alluaudia procera*

植株可达高3～5米，肉质茎干银灰色，可以清晰看到皮孔。茎干一般直立生长，分枝较少。具较短的细锥状刺，肉质叶长卵形，尖端微凹，常成对生长。开黄绿色小花。

大戟科（Euphorbiaceae）

双子叶植物，形态各异，各地俱产之。乔木、灌木或草本，稀木质或草质藤本；常有白色乳液。常单叶互生，花单性，雌雄同株或异株。

大戟属（*Euphorbia*）

原 产 地	非洲南部
生 长 型	夏型
浇 水	◆◆◇◇◇
光 照	◉◉◉◉◎
施 肥	生长季每2～3周施肥1次
繁殖方法	扦插、分株
养护难度	★★★★★

一年生、二年生或多年生草本，灌木或乔木；植株具乳液。为了适应环境，大戟属的形态各异，与仙人掌类似，花朵艳丽，富于变化。常单叶对生，杯状聚伞花序，单生或组成复花序，花期夏季或秋季。喜温暖、干燥和阳光充足环境。耐半阴和干旱，忌水湿。

布纹球

学名：*Euphorbia obesa*

别名：晃玉

植株小球形，球体灰绿色，有红褐色纵横交错的条纹，近顶部条纹较密。球体直径8～12厘米，具8条阔棱且有褐色小钝齿，单生，不产生子球。

飞龙

学名：*Euphorbia stellata*

别名：星状大戟

株高10～15厘米，株幅5～7厘米。茎基膨大呈块根状，表皮白色或灰褐色，顶端生出众多片状分枝茎，茎上呈现人字形斑纹，棱脊有对生的红褐色短刺。聚伞花序，花杯状，黄色，花期夏季。

琉璃晃

学名：*Euphorbia suzannae*

别名：琉璃光

　　株高8～10厘米，株幅15～20厘米。茎球状或短圆筒形，易生不定芽，很容易从旁生出新茎，常群生。花开于顶端棱角的软刺之间，黄绿色，花期夏季。

绿珊瑚

学名：*Euphorbia tirucalli*

别名：青珊瑚、绿玉树、膨珊瑚、光棍树

　　整株树无花无叶，仅剩光秃秃的茎干，犹如一根根棍棒插在树上，茎干中的白色乳汁可以制取石油。耐干旱和半阴，不耐寒，忌阴湿，无明显休眠期。

白雀珊瑚属（*Pedilanthus*）

原 产 地	墨西哥及美国加利福尼亚州
生 长 型	夏型
浇　　水	●●○○○
光　　照	☀☀☀☀☀
施　　肥	生长季每2周施肥1次
繁殖方法	扦插、分株
养护难度	★★★★★

　　灌木或亚灌木。茎带肉质，具丰富乳液。小叶互生，全缘，具羽状脉。花单性，雌雄同株，杯状聚伞花序。蒴果，种子无柄。

花叶红雀珊瑚

学名：*Pedilanthus tithymaloides*

　　直立亚灌木，高40～70厘米；茎、枝粗壮，带肉质，作"之"字状扭曲，无毛或嫩时被短柔毛。叶肉质，卵形或长卵形，顶端短尖至渐尖。聚伞花序，花期12月至翌年6月。

番杏科（Aizoaceae）

　　番杏科植物因生石花属植物（俗称屁股花）闻名天下，深受肉友们的广泛追捧。原产地集中在南非与西南非，少数分布在地中海沿岸地区。大多数种类高度肉质化，除茎叶具有较高的观赏价值外，花色艳丽，是极具代表性的多肉植物。

对叶花属（Pleiospilos）

原 产 地	南非开普省的干旱地区
生 长 型	冬型
浇　　水	●●○○○
光　　照	●●●○○
施　　肥	生长季每4～6周施肥1次
繁殖方法	播种、分株
养护难度	★★★★★

　　多年生多肉植物，叶片高度肉质化，肥厚叶1～2对交互对生，叶面平坦，具梨皮状透明斑点，花黄色或橙色。本属植物为番杏科中较难栽培的品种，休眠期较长。

帝玉
学名：*Pleiospilos nelii*

　　叶片肉质肥厚，呈半球形，似元宝，叶1～2对交互对生。叶表灰绿色，强光照射下呈褐绿色，叶表梨皮状，有粗糙透明小点。花单生，雏菊状，橙色，花期夏季至秋季。

亲鸾
学名：*Pleiospilos magnipunutatus*

　　叶片肉质肥厚，卵圆状三角形，对生，基部稍联合。叶表灰绿色或褐绿色，密被深色小点。花单生，雏菊状，黄色，花期夏季。

光玉属（*Frithia*）

原 产 地	南非德兰士瓦省
生 长 型	冬型
浇 水	🌑🌑🌑🌑🌑
光 照	☀☀☀☀☀
施 肥	生长季每4～6周施肥1次
繁殖方法	播种、分株
养护难度	★★★★★

光玉

学名：*Frithia pulchra*

本属多肉仅1种。肉质叶近似棒叶花属，但稍短，顶面平头微拱，花单生，粉红色。性柔弱，浅根性，喜阳光和肥沃土壤，盆上要求通透性良好，节制浇水，夏季休眠应适当遮阳并通风。

植株矮小，叶片肉质饱满，轮状互生，上粗下细，灰绿色至青绿色，叶面平头，有粗糙透明凸起的微小疣粒。花单生，无梗，深红色有白心，花期春季。

菱鲛属（*Aloinopsis*）

原 产 地	南非开普省的高原地区
生 长 型	冬型
浇 水	🌑🌑🌑🌑🌑
光 照	☀☀☀☀☀
施 肥	生长季每2周施肥1次
繁殖方法	播种、分株
养护难度	★★★★★

唐扇

学名：*Aloinopsis schoonesii*

常绿多年生小型多肉植物，叶肉质，2～4枚对生呈矮小莲座状，叶表具小疣点。耐干旱，忌高温水湿，喜阳光柔和及通风良好的环境，夏季休眠。

叶片肉质，匙形，先端钝厚，对生呈莲座状，无茎，叶表蓝绿色，密生深色舌苔状小疣突。小花黄红间杂，有金属光泽。花单生，雏菊状，花期秋末。

肉黄菊属（*Faucaria*）

原 产 地	南非大卡鲁高原地区
生 长 型	冬型
浇 水	🌑🌑⚪⚪⚪
光 照	☀☀☀⚪⚪
施 肥	生长季每月施肥1次
繁殖方法	播种、扦插
养护难度	⭐⭐⭐⭐⭐

　　繁茂丛生的肉质植物，叶肥厚肉质，呈十字形交互对生，两叶基部合生，上端宽厚呈倒披针形、三角形或菱形至龙骨状。叶缘具肉齿或肉质粗纤毛，茎细圆，分枝后主茎下端多呈横卧状。花蒲公英形或菊形，黄色。喜温暖、干燥和阳光充足的环境，忌水湿和强光照射，夏季休眠。

四海波

学名：*Faucaria tigrina*

　　叶片肉质菱形，灰绿色，叶面密布细小青绿色斑点，叶缘肉质6～10对，齿端倒须均向内侧生长。花黄色，花期夏季至秋季。

肉锥花属（*Conophytum*）

原 产 地	南非开普省的小纳兰马等地
生 长 型	冬型
浇 水	🌑🌑⚪⚪⚪
光 照	☀☀☀⚪⚪
施 肥	生长季每月施肥1次
繁殖方法	播种、分株
养护难度	⭐⭐⭐⭐⭐

　　全属有400余种，绝大多数产于南非。属番杏科小型高度肉质化植物，生长较慢，叶片肉质肥厚，倒圆锥形或球形，2枚融为1枚，裂缝深浅不同，肉质根较长，休眠期老叶化为皮膜，内部滋生新株。夏季休眠，沾水易腐烂，应减少浇水量。一般夏怕湿热，冬怕寒冷，生长慢，繁殖相对困难。但因形态奇特，对多肉爱好者有很强吸引力。

白拍子

学名：*Conophytum longum*

叶片肉质肥厚，对生，基部合生，近似圆柱体，中间有一个浅缝隙，休眠期发生蜕皮现象。叶表翠绿色，叶片顶端有光滑、透明状的"窗"。花白色，日开夜闭，花期秋季。

寂光

学名：*Conophytum frutescens*

叶片肉质肥厚，钳形口，叶缘呈棱状。叶表青绿色，叶缘发红，易群生。花橙红色，顶生。

生石花属（*Lithops*）

原 产 地	南非和纳米比亚地区
生 长 型	冬型
浇　　水	
光　　照	
施　　肥	生长季每月施肥1次
繁殖方法	播种、分株
养护难度	★ ★ ★ ★ ★

生石花属拉丁名意为克里西亚语"石生"，即岩生植物。叶片肥厚，高度肉质，叶形态和花纹与周围岩砾相近。叶片矮小，呈半球形，对生，两枚叶片融合一体，中央裂缝，顶端平坦，表皮稍硬。色彩多样，花自中裂处抽出。

福来玉

学名：*Lithops julii* ssp. *fulleri*

植株群生，株高3厘米，株幅1～2厘米。叶肉质，卵状对生，顶面紫褐色，有树枝状下凹的红褐色或深绿色花纹。花单生，白色，花期夏末至秋季。

富贵玉

学名：*Lithops hookeri*

别名：露美玉

　　叶肥厚肉质，卵状对生，棕色至棕红色，顶面有脑纹褶皱纹路，纹路沟渠下陷，并呈不透明棕色或红褐色。花单生，雏菊状。花期夏末至初秋。

红窗玉

学名：*Lithops fulleri* 'Variegata'

　　株幅4 ~ 4.5厘米，体侧灰蓝色，平坦的顶面呈棕红色窗样成片斑纹，中裂开白色花。

荒玉

学名：*Lithops gracilidelineata*

　　叶片肉质肥厚，对生且对称，呈半圆形，白粉色，叶表面布满凹凸纹路，凹陷处为灰褐色。花单生，黄色，花期夏季至秋季。

李夫人

学名：*Lithops salicola*

　　叶片肉质肥厚，对生，呈球果状，叶面平整到微凹，浅紫色，下凹深褐色花纹。花雏菊状，白色，花期夏季至秋季。

日轮玉

学名：*Lithops aucampiae*

　　株幅3.5～4厘米，叶片肉质肥厚，球果状，半头，体侧淡灰紫色，顶面黄褐色间杂着深褐色下凹花纹。花雏菊状，黄色。花期夏末至秋季。

丸贵玉

学名：*Lithops hookeri* var. *marginata*

　　富贵玉系生石花，形态特征与富贵玉相似，不同点在于叶面颜色较富贵玉更红，顶面脑纹褶皱纹路更明显。

微纹玉

学名：*Lithops fulviceps*

　　叶片肉质肥厚，呈卵形，对生，顶端平整，不透明的红棕色至黄褐色叶面内有大量灰绿色到蓝绿色小斑点，斑点间交杂细红短线纹。

紫勋

学名：*Lithops lesliei*

　　株幅4.5～5厘米，叶肉质肥厚，呈球果状，对生，灰绿色或浅黄绿色，平头，顶面有灰绿色花斑。花金黄色，雏菊状，花期夏季至秋季。

银叶花属（*Argyroderma*）

原 产 地	南非
生 长 型	冬型
浇　　水	●●○○○
光　　照	☀☀☀○○
施　　肥	生长季每月施肥1次
繁殖方法	播种、扦插
养护难度	★★★★★

多年生小型多肉植物，叶片高度肉质化，对生，基部合生，白色或淡灰绿色，无斑点。喜温暖、干燥和阳光充足的环境，耐干旱，不耐寒，忌水湿。

金铃

学名：*Argyroderma delaetii*

叶片肉质肥厚，呈半卵形，似元宝，交互对生。叶表黄绿色或翠绿色，较厚，光滑无斑。花单生，较大，黄色、白色或红色，花期夏季。

胡椒科（Piperaceae）

草本、灌木或攀援藤本，稀小乔木，常芳香。本科有8～9属约3 100种，分布于热带、亚热带。叶常有辛辣，离基3出脉。花小，无花被；子房上位，1室，1胚珠，核果。

草胡椒属（*Peperomia*）

原 产 地	南美洲
生 长 型	冬型
浇　　水	●●○○○
光　　照	☀☀☀○○
施　　肥	生长季每月施肥1次
繁殖方法	扦插
养护难度	★★★★★

一年生或多年生草本，茎通常矮小，带肉质。叶互生、对生或轮生，全缘，无托叶。花极小，两性，穗状花序，花序单生、双生或簇生，直径几乎与总花梗相等。浆果小，不开裂。喜温暖、干燥的半阴环境，耐干旱，不耐寒，忌烈日曝晒和过分荫蔽，在光线明亮又无直射阳光处生长良好。

红背椒草

学名：*Peperomia graveolens*

多年生常绿肉质草本植物，株高5～8厘米，植株矮小，叶面为暗绿色，其他部分均为暗红色。叶片椭圆形，肥厚多肉，对生或轮生，具短柄，叶片两边向上翻，使叶面中间形成一浅沟，背面呈龙骨状突起。叶面光亮，稍呈透明状。花序棒状，绿色，春夏季节开放。

塔叶椒草

学名：*Peperomia columella*

多年生常绿肉质草本植物，植株矮小，茎直立，圆柱形。叶片肉质短小，呈马蹄形附生在茎上，一侧圆弧形，一侧平直，有短柄。叶表有毛，强光照射下叶缘发红。棒状花序，绿色，花期春末至夏初。

夹竹桃科（Apocynaceae）

乔木，灌木或藤本，稀亚灌木或草本，具乳汁或水液，多有毒。

沙漠玫瑰属（*Adenium*）

原产地	西南非、北非和阿拉伯地区
生长型	夏型
浇水	●●○○○
光照	☀☀☀☀☀
施肥	生长季每3～4周施肥1次
繁殖方法	播种、扦插
养护难度	★★★★★

块茎肥大，茎干膨大，叶片披针形，全缘，叶液有毒。高脚碟状花，花期夏季。喜高温、干燥和阳光充足的环境。

沙漠玫瑰

学名：*Adenium obesum*

　　茎干肥厚。单叶互生，倒披针形至倒卵形，肉质，近无柄。花冠漏斗状，5裂，蓇葖果。

波米那花

学名：*Adenium boehmianum*

　　叶宽，呈螺旋形聚脂集在茎部。茎秆略粗。汁液有毒，古时用于捕杀大型哺乳动物。花粉色。

景天科（Crassulaceae）

　　多年生肉质草本、亚灌木或灌木，常有肥厚、肉质的茎、叶。植株矮小，且耗水肥很少，无性繁殖能力强，因此极易种植观赏。常作为屋顶绿化首选植物。

风车草属（*Graptopetalum*）

原 产 地	北美洲南部地区和墨西哥
生 长 型	夏型
浇 水	●●○○○
光 照	◐◐◐◐○
施 肥	生长季每3～4周施肥1次
繁殖方法	播种、扦插
养护难度	★★★★★

华丽风车

学名：*Graptopetalum pentandrum sp. superbum*

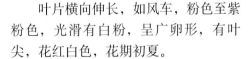

　　多年生肉质草本。叶片排列呈莲座状，花颜色丰富，开花后雄蕊向外下折。多数有点状或带状花纹；花萼与花冠筒等长，喜阳光，亦能耐半阴，不耐寒。

　　叶片横向伸长，如风车，粉色至紫粉色，光滑有白粉，呈广卵形，有叶尖，花红白色，花期初夏。

姬胧月

学名：*Graptopetalum* 'Bronze'

　　胧月和珊瑚珠的杂交种，叶片蜡质，在阳光充足的条件下，呈现迷人的深红色。喜欢较干燥的环境。

姬秋丽

学名：*Graptopetalum mendozae*

　　叶片饱满圆润，强光照射下呈橘红色，并有轻微的金属状光泽，略被白粉，样子非常可人。花白色，星形五瓣。

蓝豆

学名：*Graptopetalum pachyphyllum* 'Blue Bean'

　　叶片为淡蓝色，长圆形，环状对生，先端微尖，光滑有白粉，花色白红相间，五角形，花朵向上开放。

桃之卵

学名：*Graptopetalum amethystinum*

别名：桃蛋

　　叶卵形，光照充足时，会呈现出令人沉醉的粉红色，可爱至极。与桃美人相似，但并不是同一属，区别在于桃美人叶片互生，桃之卵叶片轮生。

奶酪

一代奶酪，叶片圆卵形，粉色，挂白霜，呆萌可爱，深受花友喜爱。

奶蛋

别名：命运

桃之卵和奶酪的杂交新品种，结合了桃之卵和奶酪的形态特征，成株非常美。

艾伦

学名：*Graptopetalum* 'Ellen'

叶片肉质，长卵圆形，灰绿色，表面光滑有白粉，叶丛呈莲座状排列。花外部粉色，内部橙色，花朵钟形，串状排列。

葡萄

学名：*Graptoveria amethorum*

别名：紫葡萄、红葡萄

大和锦和桃之卵的杂交品种。叶片肥厚，易从基部萌生匍匐茎，半匍匐于土表，茎顶端有小莲座叶丛。肉质叶呈莲座状排列，叶浅灰绿，短匙形，叶面平且光滑有蜡质层，叶背凸起有紫红色密集小点点，叶片先端有小尖。聚伞花序腋生，花红色，前端5裂。

95

伽蓝菜属（*Kalanchoe*）

原 产 地	马达加斯加和南非地区
生 长 型	夏型
浇 水	●●◇◇◇
光 照	☀☀☀☀☀
施 肥	生长季每3～4周施肥1次
繁殖方法	播种、扦插
养护难度	★★★★★

肉质草本，亚灌木或灌木。叶对生，叶基部或叶柄常抱茎，全缘或有齿，或羽状分裂。圆锥状聚伞花序，苞片小，花多。化常直立，白、黄或红色。喜温暖、干燥和阳光充足的环境。

泰迪熊

学名：*Kalanchoe tomentosa* 'Teddy Bear'

叶片短肥浑厚，锯齿状外缘，颜色为深褐、咖啡色，生长趋势缓慢，和其他家族相比，泰迪熊喜欢更干燥、更通风环境。

月兔耳

学名：*Kalanchoe tomentosa*

别名：褐斑伽蓝

叶片奇特，对生，长梭形，整个叶片及茎干密布凌乱茸毛，叶片边缘着生褐色斑纹，酷似兔耳。

长寿花

学名：*Kalanchoe blossfeldiana*

别名：矮生伽蓝菜、圣诞伽蓝菜、寿星花

叶片肥大、光亮，植株低矮，终年翠绿。花色鲜艳夺目，每一花枝上可多达数十朵花，花期12月至翌年4月。

厚叶草属（*Pachyphytum*）

原 产 地	墨西哥
生 长 型	夏型
浇 水	●●◇◇◇
光 照	☀☀☀☀☀
施 肥	生长季每3～4周施肥1次
繁殖方法	播种、扦插
养护难度	★★★★★

全属仅10余种。多年生肉质草本，短茎直立，肉质叶互生，排成延长的莲座状，倒卵形或纺锤形，叶表被白粉。蝎尾状聚伞花序，小花钟形，红色。

桃美人

学名：*Pachyphytum* 'Momobijin'

多年生肉质草本植物。茎短，直立。叶12～20片，互生，排列呈延长的莲座状，肉质，倒卵形，先端平滑钝圆，叶面光滑红润。花钟形，红色。花期夏季。

星美人

学名：*Pachyphytum oviferum*

叶片肥厚，呈倒卵球形，灰绿色至淡紫色，表面有白粉，叶丛莲座状排列。花橙红色或淡绿黄色，排列紧密。

婴儿手指

叶圆柱形粉嫩色，像婴儿的手指粉粉嫩嫩的，在生长季节或在强烈的阳光下，可将叶端晒至粉红色。花黄色，喜欢阳光充足，耐寒性较好。

景天属（*Sedum*）

原 产 地	北温带和热带高山地区
生 长 型	春秋型
浇　　水	💧💧💧🤍🤍
光　　照	☀☀☀☀🌤
施　　肥	生长季每月施肥1次
繁殖方法	播种、分枝
养护难度	⭐⭐⭐⭐⭐

　　一年生或多年生草本；肉质，稀茎基部木质，有时丛生或藓状。叶对生、互生或轮生，全缘或有锯齿。花茎生于莲座中央，花序聚伞状或伞房状，腋生或顶生。花白、黄、红或紫色。喜阳光充足又耐半阴环境，盛夏宜适当遮阳。

八千代

学名：*Sedum corynephyllum*

　　矮性肉质灌木，株高25厘米。叶圆柱形，灰绿色被白粉，在生长季节或在强烈的阳光下，叶先端呈玛瑙红色。叶长4厘米、粗0.6厘米，叶松散地簇生在茎枝顶端，老株或生长不良时茎下部叶易脱落或萎缩，并有很多气生根出现，花黄色。

薄雪万年草

学名：*Sedum hispanicum*

　　叶片棒状，表面覆有白粉。叶片密集生长于茎端，茎部的下位叶容易脱落。茎匍匐生长，接触地面容易生长不定根。花期夏季，花朵5瓣星形，花色白略带粉红。

黄金万年草

学名：*Sedum acre*

　　植株袖珍低矮，叶片呈椭圆形，长约0.5厘米、宽约0.2厘米，呈黄绿色，叶表有结晶状突起。

丸叶万年草

学名：*Sedum makinoi*‘Ogon’

别名：圆叶景天、黄金丸叶万年草

叶片圆形且很小，直径0.5～1厘米，绿色。茎匍匐生长，分枝多，是很好的地被植物或护盆草。花期春末，花开于叶片顶端，黄色。

佛甲草

学名：*Sedum linera*

叶片倒披针形至长圆形，3叶轮生，呈黄绿色。茎匍匐而易生根，花5瓣，黄色，无花梗。佛甲草适应性强，既可作为盆栽欣赏，也可作为露天观赏地被栽植。

春萌

学名：*Sedum*‘Alice Evans’

矮性肉质灌木，叶片长卵形，亮绿色，肉质呈莲座状。花期春季，花白色，呈星状。喜温暖和阳光充足的环境，春、夏、秋季是其生长旺盛的季节。

村上

学名：*Sedum*‘Chunshang’

别名：春上、春尚

植株低矮，叶片绿色肉质，有小的叶尖，表面被短小的绒毛。茎肉质，会长侧芽但不太长。花管状，红色。

99

黄丽

学名：*Sedum adolphii*

叶片匙形，蜡质，黄绿色，排列成莲座状，强光照射后叶缘会变成红色。花红黄色，花期夏季。忌潮湿。

劳尔

学名：*Sedum clavatum*

叶片肥厚饱满，呈灰蓝绿色，背部线条圆润，叶表被白粉，光照充足时叶尖会出现淡淡的红晕。春季会开出白色星形花朵，花团锦簇的样子非常漂亮。

木樨景天

学名：*Sedum suaveolens*
别名：甜心景天

中型品种，植株形态酷似石莲花属植物，肉质叶排成紧密的莲座状。叶片蓝白色，向内凹陷，有明显波折，叶表光滑有轻微白粉。花白色，向上开放。

天使之泪

学名：*Sedum torereasei*
别名：圆叶八千代

栽培园艺种，叶片肥厚，淡绿色，基本不会变色，密集排列在枝干的顶端，叶表被细微白粉。茎部不太粗但能够形成木质的枝干，易群生。

小美女

学名：*Graptosedum* 'Little Beauty'

　　杂交品种，植株小型或中型，叶肉质肥厚，互生，呈匙形，嫩绿色或翠绿色，叶端略尖，正面平坦，背面隆起，被白粉。易长气生根，也易爆芽，常群生，气势非凡。

新玉缀

学名：*Sedum morganianum* var. *burrito*

　　叶片肉质肥厚，不弯曲，先端圆钝，淡绿色，带白霜。花星状，夏季开花。

信东尼

学名：*Sedum hintonii*

别名：毛叶蓝景天

　　叶片肉质，无叶尖，绿色，排列成紧密的莲座状，叶面上布满白色茸毛。花白色，较大，花蕊顶端呈艳丽的红色。

乙姬牡丹

学名：*Sedum clavatum*

　　小型种。叶片肉质饱满，互生，呈匙形，表面光洁，正面平坦，背面隆起，叶表被白粉，透出白色颗粒，犹如凝冻的脂肪，经强光照射，叶尖呈红色。

莲花掌属（*Aeonium*）

原 产 地	加那利群岛、北非等地区
生 长 型	冬型
浇 水	◐◐◌◌◌
光 照	☀☀☀☀☀
施 肥	生长季每月施肥1次
繁殖方法	播种、扦插
养护难度	★★★★★

本属植物为低矮灌木状，茎有落叶痕迹，半木质化。肉质叶在茎顶端排列成莲座状，叶缘和叶面有毛。总状花序高大，花后全株枯死。全属大约40种，基本分布在加那利群岛和北非等地。

爱染锦

学名：*Aeonium domesticum*‘Variegata’

莲花掌的斑锦品种。叶片匙形，浅绿色，绿白相间。圆锥花序，花黄色，花期春季。

粉山地玫瑰

山地玫瑰系中最美的山地玫瑰，形态特征和生态习性与鸡蛋山地玫瑰相似，叶片呈粉色。

鸡蛋山地玫瑰

学名：*Aeonium diplocyclum* var. *gigantea*

肉质叶片互生，卵圆形至长卵圆形，呈莲座状排列，灰绿色，叶表被白粉和茸毛。叶片未展开时像鸡蛋，稍展开似玫瑰，全部展开像荷花。花期早春至初夏，花淡黄色。花后随着种子成熟，母株逐渐枯萎，其基部会有小芽长出。

黑法师

学名：*Aeonium arboreum* var. *atropurpureum*

🌿🌿

　　直立的肉质亚灌木，茎高1米，呈不规则分枝。叶倒卵形，紫黑色，顶端有小尖，叶缘有睫毛状纤毛，在茎端和分枝顶端集成莲座叶盘。总状花序，花黄色，开花后植株通常枯死。

黑法师锦

学名：*Aeonium arboretum* var. *atropurpureum* 'Variegate'

🌿🌿

　　黑法师的斑锦变异品种，叶形跟黑法师相似，叶片呈巧克力色，叶片中间有许多斑锦。

圆叶黑法师

🌿🌿🌿

　　叶宽而短，叶形较圆。叶面很平整，整体颜色偏暖色，颜色稍浅。

韶羞法师

🌿🌿🌿

　　法师的杂交种，不同环境，不同土壤，韶羞的状态都不一样，是能养出最多颜色的法师，韶羞上色是不均匀的，最先叶边缘。叶片可呈猪肝色，无光泽。

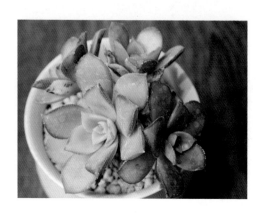

艳日辉

学名：*Aeonium decorum* 'Variegata'

别名：清盛锦

　　叶肉质扁平卵形，呈莲座状排列，新生叶片总体为淡黄色，中心叶片为淡绿色，老叶黄色减少，叶缘红色。花白色，花期初夏。

魔南景天属（*Monanthes*）

原 产 地	加那利群岛和马德拉群岛
生 长 型	冬型
浇 水	🌢🌢🌢🌢🌢
光 照	☀☀☀☀☀
施 肥	生长季每月施肥1次
繁殖方法	扦插、分株
养护难度	★★★★★

　　极小型肉质草本植物，极小的肉质叶紧密排列呈莲座状或卵圆球状，翠绿色，叶表被短茸毛。花黄色，花期春季至初夏。全属约25种，原产加那利群岛和马德拉群岛。夏季深度休眠，要适当遮阴或者直接移到阴凉通风处。

瑞典魔南

学名：*Monanthes polyphylla*

　　肉质叶片极小，呈菱形，紧密地聚拢在中心，基本看不到茎部，姿态非常可爱。易分枝，群生。受不了潮湿闷热，夏季要分外小心。

青锁龙属（*Crassula*）

原 产 地	南非
生 长 型	夏型/冬型
浇　　水	🌢🌢◌◌◌/🌢🌢◌◌◌
光　　照	☀☀☀◌/☀☀☀◌
施　　肥	生长季每月施肥1次
繁殖方法	扦插、分株
养护难度	★★★★★

肉质亚灌木，茎细易分枝，茎和分枝通常垂直向上。分夏型种和冬型种，夏型种枝繁叶茂，多呈矮小灌木状；冬型种半球形或扁平圆盘形，常为矮小的多年生草本。花着生于叶腋，筒状、星状或钟状，很小。

白鹭

学名：*Crassula deltoidea*

叶片肉质肥厚，长三角形，对生。叶表密被白色小颗粒，看似白粉，实际有不规则的凹点。花白色，星形。白鹭生长不是太慢，容易群生。

星乙女

学名：*Crassula perforata*

别名：钱串景天、钱串子

株型酷似一串钱币，植株丛生，叶片肉质饱满，卵圆状三角形，交互对生，上下叠生，无叶柄。叶表浅绿色，叶缘发红。花筒状，白色，花期夏季。

半球星乙女

学名：*Crassula brevifolia*

全株无毛，株高20厘米，但栽培中相当低矮。叶片卵圆状三角形，黄绿色，叶缘呈红色，肉质坚硬无柄，交互对生，长1厘米，宽和厚约为0.6厘米，背面似半球状。基部丛生分枝。

星王子

学名：*Crassula conjunct*

　　叶肉质无柄，对生，密集排列成四列，叶片基部大，逐渐变小，顶端最小，接近尖形，类似宝塔。叶色浓绿，叶缘有白色角质层。茎直立生长，有时也具匍匐性。花为米黄色，花期春季。冬型种。

十字星锦

学名：*Crassula perforata* 'Variegata'

别名：星乙女锦

　　叶片无柄，肉质且薄，交互对生，卵状三角形，灰绿至浅绿色，两边具黄色或红色的锦。比十字星的叶片大，且颜色鲜艳，比星王子的叶片薄。花米黄色，花期春末至夏初。

小米星锦

学名：*Crassula rupestris* var. *pastel*

别名：彩色蜡笔

　　叶肉质饱满，呈三角形，灰绿至浅绿色，叶缘稍具红色。茎肉质，植株丛生，株型比钱串略小。开花为白色，4～5月开放。

赤鬼城

学名：*Crassula fusca*

　　赤鬼城一般株高15～30厘米，株幅20～30厘米。叶片纺锤形，对生且紧密排列在枝干上，新叶绿色，老叶褐色或者暗褐色，温差大时叶片呈现紫红色。

丛珊瑚

学名：*Crassula* 'Congshanhu'

　　漂流岛和神刀的园艺种。叶肉质肥厚，无叶尖，对生且紧密排列，绿白色，强光照射下叶缘呈微红色，叶面粗糙有细微颗粒和轻微褶皱。花小，筒状，花期春季。夏型种。

黄金花月

学名：*Crassula portulacea*

　　花月的斑锦变异品种，多年生肉质灌木，株高2米，直立，多分枝。叶片肉质倒卵形，对生，叶色随季节不同而变化，秋末至初春为绿色带黄色晕斑，叶缘呈红色；春季至秋季叶色则为黄白色，叶缘红色变淡。花深桃红色。

新花月锦

学名：*Crassula obliqua* 'Variegata'

　　花月的斑锦变异品种，叶肉质对生，长卵形，稍内弯，绿色，有黄色斑纹。其中新叶的黄色斑块较多，叶缘红色少而淡，老叶多呈绿色。

筒叶花月

学名：*Crassula obliqua* 'Gollum'
别名：马蹄红、吸财树

　　叶肉质互生，圆筒形，簇生枝顶，鲜绿色，有光泽，叶缘红色。茎粗壮，呈圆柱形，表皮灰褐色，易分枝。夏型种。

梦椿
学名：*Crassula pubescens*

　　叶片肉质肥厚，轮生，倒卵形，顶端渐尖，黑红色。茎干圆柱状，易群生，全株密被白色茸毛，身材娇小，惹人怜爱。

茜之塔
学名：*Crassula tabularis*
别名：绿塔

　　植株矮小，株高仅5～8厘米。叶片肉质对生，无柄，密集排列成四列，叶色浓绿，强光照射下呈红褐色。叶片长三角形，基部大，逐渐变小，堆砌呈宝塔形，是一种奇特而美丽的多肉植物。冬型种。

绒针
学名：*Crassula mesembryanthoides*
别名：银剑

　　叶片肉质肥厚，卵圆形，绿色，全株被白色茸毛。植株不太大，有矮小的细茎，直立生长，分枝多。花白色，较小。

天狗之舞
学名：*Crassula dejecta*

　　多年生肉质草本，株高15～25厘米。叶肉质扁平，卵圆形，绿色，叶缘红色，叶表被白粉。茎直立，多分枝，丛生，有气生根。聚伞花序，花白至浅红色，花期春季。

石莲花属（*Echeveria*）

原 产 地	墨西哥、中美、南美洲西北部干燥地区
生 长 型	春秋型
浇　　水	🌢🌢🌢◌◌
光　　照	◐◐◐◐◌
施　　肥	生长季每月施肥1次
繁殖方法	播种、扦插
养护难度	★★★★★

多年生常绿肉质草本植物，植株呈低矮的莲座状，叶片呈匙形、圆形、船形和圆筒形，叶表色彩丰富，有的叶表具蜡质粉。总状花序、穗状花序和聚伞花序抽于叶腋，花期夏末至秋初。喜阳光充足、空气湿润和温暖的环境，忌水湿。

AK 玛利亚

学名：*Echeveria agavoides* 'Maria'

叶片肉质肥厚，广卵形至三角卵形，先端急尖，背面突起微呈龙骨状，紧密排列呈莲座状。叶表常年嫩绿色至黄绿色，叶尖红色，光滑不易积水。

阿尔巴比缇

学名：*Echeveria* 'Alba Beauty'

别名：阿尔巴佳人

月影系多肉植物。叶片肥厚多汁，三角状卵形或匙形，具短叶尖，正面稍内凹，背部稍凸起，紧密排列呈莲座状。叶表蓝绿色，有时叶片泛红。

昂斯诺

学名：*Echeveria* 'Onslow'

别名：昂斯洛

叶片肉质肥厚，圆匙形，先端急尖，有玉质感，紧密排列呈莲座状。叶表色彩丰富，橙、粉、嫩黄、嫩绿色均可达成，叶尖发红。穗状花序，花钟形，橙色，花期春末。

白凤

学名：*Echeveria* 'Hakuhou'

　　由霜之鹤与雪莲杂交育成，是景天科较大型多肉植物品种。叶片肉质饱满，桃形，先端有小尖，排列呈莲座状。叶表绿色，叶缘有粉晕，强光照射下呈粉色，密被着一层厚厚的白粉。

白夜香槟

　　白夜香槟是雪莲和罗密欧杂交所得，叶片有明显的龙骨及暗纹，叶片肉质肥厚，卵形，轮生排列呈莲座状。叶表出状态时呈粉色泛白至果冻色。

苯巴蒂斯

学名：*Echeveria* 'Ben Badis'

别名：苯巴、点绛唇

　　叶片肉质肥厚，短匙形，正面内凹，背面有一条鲜明的红色龙骨，有叶尖，紧密排列呈莲座状。叶表蓝绿色，强光照射下叶缘发红。

冰莓

学名：*Echeveria* 'Ice Strawberry'

别名：冰梅

　　叶片肉质肥厚，扇叶形，叶边有透明感，先端有尖，叶片紧密排列呈莲座状。叶表蓝绿色，叶尖发红，出状态时整株桃红色，密被白粉。穗状花序，花钟形。

冰玉

学名：*Echeveria* 'Ice green'

　　月影和雪莲杂交育成，植株小型，叶片肉质肥厚，三角倒卵圆形，丰满圆润，具短尖，紧密排列呈莲座状。叶表常粉里透青，且有质感，出状态时片外缘红紫色，有果冻感，密被白粉。

东云乌木

学名：*Echeveria agavoides* 'Ebony'

　　东云系多肉植物。叶片肉质肥厚，卵形、三角状卵形，先端渐尖或急尖，叶面纵向稍内凹，叶片背部微凸，莲座状排列。叶片绿色，叶尖红褐色。

东云缀化

学名：*Echeveria agavoides* 'Cristata'

别名：琥、鲵、虎鲸

　　东云的缀化品种。叶片顶端的生长锥异常分生，形成许多小的生长点，且连成一条线，最终长成扁平的扇形或者鸡冠形。以叶片颜色黄润如玉，叶片密集饱满，叶尖紫红色为好。出状态时，呈果冻色。

斗牛士

　　叶片肉质肥厚，宽匙形，先端有尖，内凹，背面突起呈龙骨状。叶表正面绿色，背面和叶缘大红色，非常艳丽。很稀有，价格也高。

杜万里莲

学名：*Echeveria tolimanensis*

叶片肉质肥厚，窄的披针形，上表面较为扁平，顶端有刺，排列呈莲座状。叶表淡绿色至白色，叶尖呈淡粉色，略带白霜。

粉兔

桃之卵与雪莲杂交育成。叶片肉质肥厚，圆匙形，先端圆钝或稍尖，呈莲座状排列。叶表状态好时成粉红色，披白粉。

芙蓉雪莲

学名：*Echeveria* 'Lauilindsayana'

卡罗拉和雪莲的杂交品种，叶肉质肥厚，倒卵形或长匀形，有短叶尖，紧密排列成莲座状。叶表蓝绿色，泛粉红或紫红色，有类似雪莲的白粉。总状花序，小花倒钟形，橙红色。

海琳娜

学名：*Echeveria elegans* 'Hyaliana'

月影系多肉植物。叶肉质肥厚，匙形，先端急尖，叶尖较长，内凹，背面突起呈龙骨状，排列呈莲座状。叶表蓝绿色，叶缘呈紫红色，甚至整个叶片褐红略带黄色或暗褐紫红色，略被白粉。

荷花

　　月影系多肉植物。叶片肉质肥厚，急尖，长匙形，前端较圆，呈莲花状紧密排列。秋冬出状态的时候，叶片会变得粉黄至粉红多重色泽，叶缘有点粉色透明感，呈包裹状态，非常动人。

赫拉

学名：*Echeveria hera*

　　赫拉是大和锦的杂交品种和晚霞杂交的品种，叶长匙形，叶尖明显，叶片中肋微微凹陷。在叶形和颜色上会偏向晚霞，但又有大和锦的端正，茎干较短。聚伞花序，花钟形，橙红色，花期春末至夏初。

黑王子

学名：*Echeveria* 'Black Prince'

　　叶片肉质肥厚，数量较多，匙形，有叶尖，排列呈莲座状。叶表黑紫色，在光线不足时生长点近处变成暗绿色。聚伞花序，花紫色。

玉蝶

学名：*Echeveria* secunda var. glauca

　　多年生肉质草本或亚灌木植物，株高可达60厘米，直径可达20厘米。叶互生，呈莲座状着生于短缩茎上，倒卵匙形，淡绿色，肉质，表面被白粉。小花钟形，橘红色。

黑爪

学名：*Echeveria Mexensis* 'Zaragosa'

中小型品种。叶片莲座状排列，披针形，叶缘圆，叶面覆白粉，叶尖红褐色。叶色为蓝绿，状态好时呈白绿，叶尖黑红。穗状花序，微黄，先端五裂。

红宝石

学名：*Echeveria* 'Pink Ruby'

小型品种，肉质叶排列紧凑呈莲座状，叶片匙形，肥厚饱满，表面光滑，有光泽，具不明显的短叶尖，叶背部有脊线，叶翠绿至深绿，叶片红色，远看如一块绚丽的红宝石。易群生。

红缘东云

学名：*Echeveria agavoides* var. *corderoyi*

东云系多肉植物，叶片肉质肥厚，三角卵形，内凹，背面凸起呈龙骨状，先端急尖。叶表绿色，叶缘至叶尖红色、大红或深红色，光滑有光泽。

奥利维亚

学名：*Echeveria Olivia*

多肉中小型品种，叶片倒卵圆形，肉质饱满，具短尖，排列呈莲座状。叶表光滑，绿色，在强光照射下叶尖呈红色，甚至微橙，颇为动人。

回声

学名：*Echeveria* 'Alba Aloha'

别名：血莺回声

　　叶片肉质饱满，匙形，先端近三角形，有叶尖，排列呈莲座状。叶表灰绿色至蓝绿色，叶缘有粉紫色红晕，光滑有光泽。易爆芽，易群生。

姬莲

学名：*Echeveria minima*

　　叶片肉质饱满，卵形，先端有短尖，紧密排列呈莲座状。叶表蓝绿色，叶缘和叶尖泛紫红色。总状花序，花钟形，橙红色，花期春季。

吉娃莲

学名：*Echeveria chihuahuaensis*

别名：唇炎之宵、杨贵妃

　　植株小型，叶片肉质肥厚，宽匙形，先端有小尖，紧密排列呈莲座状。叶表蓝绿色，叶尖发红，叶缘有红晕，略被白粉。花红色，花期春末至夏季。

锦司晃

学名：*Echeveria setosa*

　　叶片肉质肥厚，长匙形，正面微凹，背面突起，先端有钝尖，紧密排列呈莲座状。叶表翠绿色，叶缘有红晕，密被白毛。聚伞花序，黄红色。植株无茎，易丛生。

蓝鸟
学名：*Echeveria* 'Blue Bird'

叶片肉质肥厚，长匙形，先端尖，正面有微凹，背面有突起呈龙骨状，排列呈莲座状。叶表灰绿色，叶缘发红，密被白粉。总状花序，花钟形，橙红色，花期春季。

蓝姬莲
学名：*Echeveria* 'Blue Minima'

姬莲系多肉植物，叶片肉质肥厚，卵形，先端有锐刺，紧密排列呈莲座状。叶表蓝绿色，略被白霜，叶缘紫红色。总状花序，花倒钟形，橙红色，花期春季。

蓝色惊喜
学名：*Echeveria* 'Blue Surprise'

叶片肉质肥厚，短匙形，较宽，先端急尖，排列呈莲座状。叶表灰绿色，密被白粉，强光照射下叶尖变红。花钟形，粉红色，花期春季。

劳伦斯
学名：*Echeveria Laulensis*

叶片肉质较薄，匙形，先端三角状，急尖，排列呈莲座状。叶表蓝绿色，叶缘泛红紫色，密被白粉。花黄色，花期春季。易爆芽，易群生。

绿爪

学名：*Echeveria cuspidata* var. *zaragozae*

　　叶片肉质，匙形，先端急尖，排列呈莲座状。叶表浅绿色，强光照射下发红，叶尖深紫红色。总状花序，花橙黄色，花期冬末至翌年春季。

迈达斯国王

学名：*Echeveria* 'King Midas'

　　叶片肉质肥厚，匙形，有小叶尖，排列呈松散的莲座状，老叶会脱落，易形成老桩。叶表浅绿色，密被白粉，叶缘和叶尖粉红色。

魔爪

学名：*Echeveria unguiculata*

　　叶片肉质肥厚，卵状披针形，细长，先端锐尖，排列呈莲座状。叶表褐色至灰黑色，密被白粉，叶尖刺黑色。单头，不群生。

墨西哥花月夜

　　叶片肉质肥厚，匙形，向内弯曲，有叶尖，紧密排列呈莲座状。叶表绿色，叶缘有红晕。

墨西哥姬莲

姬莲系多肉植物，叶片肉质肥厚，匙形，先端有尖，向内弯曲，紧密排列呈莲座状。与姬莲系浓烈的色彩不同，其叶表灰绿色，偶尔出现血色斑点。

娜娜小勾

学名：*Echeveria* 'Nana mini hook'

别名：娜娜胡可、七福美尻

姬莲和七福神杂交而来，叶片肉质肥厚，匙形，先端有尖，向内弯曲，排列呈莲座状。叶表淡绿色，叶缘发红，光线不足会褪色。易爆芽和群生。

七福神

学名：*Echeveria secunda*

别名：赛康达

叶片肉质饱满，倒卵形，先端短而尖，紧密排列呈莲座状。叶表翠绿色，叶尖发红，无毛。聚伞花序，花红色。易爆芽和群生。

三色堇

学名：*Echeveria pansy*

叶片肉质饱满，匙形，较细，先端有尖，叶背有突起呈龙骨状，紧密排列呈莲座状着生于茎上。叶表翠绿色，密被白粉，易生老桩。

酥皮鸭

学名：*Echeveria* 'Supia'

别名：森林妖精、森之妖精

　　叶片肉质肥厚，广卵形，先端有尖，叶背有突起的棱，紧密排列呈莲座状叶盘着生于茎上。叶表深绿色，光滑，强光照射下叶缘和叶尖变红。花期夏季。

特玉莲

学名：*Echeveria runyonii* 'Topsy Turvy'

　　株形鸡冠状，叶片肉质肥厚，基部为扭曲的匙形，叶缘向外弯曲，叶背中央有一条明显的沟，有叶尖。叶表蓝绿色，密被白粉。总状花序，花小，黄色，花期春季至夏季。

天狼星

学名：*Echeveria agavoides*

　　东云系多肉植物，中小型品种。叶片肉质饱满，倒卵形狭长，先端长而尖，叶背有突起呈龙骨状，紧密排列呈莲座状。叶表灰绿色至白绿色，叶缘呈艳丽的红色。花微黄色，簇状花序。

晚霞

学名：*Echeveria afterglow*

　　叶片肉质，宽大，从叶心到叶缘越来越薄，向内卷起，紧密排列呈莲座状。叶表紫粉色，叶缘发红，密被白粉，强光照射下叶片呈紫红色，像晚霞一样艳丽。

晚霞之舞

学名：*Echeveria* 'Neon breaker'

　　叶片肉质宽大，与晚霞株型相似。区别在于叶缘具细褶，叶表呈浅紫粉色，强光照射下展现明艳的紫红色。

小妖精

学名：*Echeveria* 'Yanggii'

　　叶片肉质肥厚，倒卵匙形，先端有小尖，稍内弯，排列呈莲座状。叶表黄绿色，强光照射下叶缘有红晕。

小红衣

学名：*Echeveria* 'Vincent Catto'

别名：新版小红衣、小红莓、文森特卡托

　　姬莲系多肉植物，叶片肉质肥厚，微扁的卵形，先端有小叶尖，叶尖两侧有突出的薄翼，叶片向内弯曲，紧密排列呈莲座状。叶表蓝绿色，强光照射下叶尖和叶缘变红。花钟形，穗状花序。

秀岩

学名：*Echeveria* 'Sunyan'

别名：秀妍

　　叶片肉质饱满，倒卵匙形，先端钝尖，数量多，紧密排列呈莲座状，新生叶片排列不规则。叶表粉色，叶尖深红色，状态好的时候全株呈胭脂色，非常魅惑。易爆芽，易群生。

雪兔

学名：*Echeveria* 'Snow Bunny'

　　月影系多肉植物，叶片肉质肥厚，卵形，先端厚，稍内弯，新叶有小尖，紧密排列呈莲座状。叶表淡蓝紫色，密被厚厚的白霜。

雨滴

学名：*Echeveria* 'Rain Drops'

　　株型较大，叶片肉质较宽，圆卵形，排列呈莲座状。叶表灰绿色，有突出的近圆形疣点，与叶片完整地分离，叶缘呈粉色。

玉杯东云

学名：*Echeveria agavoides* 'Gilva'

　　东云系多肉植物，叶片肉质肥厚，卵圆形，先端尖，排列呈莲座状。叶表黄绿色，叶缘有红晕，不同光照下色彩变化丰富。

月光女神

学名：*Echeveria* 'Moon Goddess'

别名：爱丝特、慈禧

　　花月夜与月影杂交的后代，叶片卵圆形，肉质肥厚，有叶尖，排列呈莲座状。叶表青绿色，具细细的红色叶缘。花黄色或红黄色，花期夏、冬季。

玉珠东云

学名：*Echeveria* 'J.C.VanKeppel'

别名：黄金象牙、象牙

东云系多肉植物，叶片肉质肥厚，三角形，先端尖，较短，紧密排列呈莲座状。叶表翠绿色，强光照射下轻微发黄，光滑有蜡质。小型种，易群生。

圆叶罗西玛

学名：*Echeveria longissima* var.*aztatlensis*

罗西玛的变种，叶片肉质广卵圆形，先端尖，排列呈莲座状。叶表蓝绿色，叶背突起呈龙骨状，有褐红色斑点，强光照射下叶缘会变深红色，非常艳丽。易爆芽，易群生。

纸风车

学名：*Echeveria pinwheel*

别名：紫风车

属姬莲系，叶片肉质饱满，近三角形，先端尖，排列呈莲座状。叶表蓝粉色或灰绿色，叶尖发红。易群生。

紫罗兰女王

学名：*Echeveria* 'Violet Queen'

栽培品种，叶片匙形，先端渐尖，向内弯曲，排列呈莲座状。叶表紫绿色，密被白粉，叶背和叶尖有红晕。总状花序，花浅黄色，花期夏季。

紫珍珠

学名：*Echeveria* 'Perle Nurnberg'

别名：纽伦堡紫珍珠

　　栽培品种，叶片肉质饱满，匙形，顶端有尖，轮生排列呈莲座状。叶表粉紫色，叶缘浅粉色，勾勒出叶片的鲜明轮廓。聚伞花序，花红色，花期夏季。

塔莲属（*Villadia*）

原 产 地	墨西哥
生 长 型	春秋型
浇 水	●●●○○
光 照	◐ ◑ ◑ ○ ○
施 肥	生长季每2周施肥1次
繁殖方法	播种、扦插
养护难度	★ ★ ★ ★ ★

　　多年生小型多肉植物，植株低矮，分枝与叶片很短，贴在肉质茎上，叶肉质轮生，一般旋转展开，花顶生，白色。代表品种有白花小松、塔莲等。分布于墨西哥。性喜阳光，耐旱，耐贫瘠，稍耐半阴，不耐寒，不适宜过分潮湿的土壤和光线太弱的环境，适应性强，较容易栽培，夏季高温生长缓慢，注意通风和遮阴。

白花小松

学名：*Villadia batesii*

　　植株低矮，叶肉质轮生，一般旋转展开，叶尖经阳光照射边缘有红色，分枝与叶片很短，贴在肉质茎上，长得似松球，故取名白花小松。花白色，顶生，花期一般4～5月。适合置于光线良好的室内，夏季避免暴晒，置于明亮、通风良好的位置。

天锦章属（*Adromischus*）

原产地	南非、纳米比亚
生长型	春秋型
浇水	💧💧💧🔅🔅
光照	☀☀☀🔅🔅
施肥	生长季每月施肥1次
繁殖方法	扦插、分株
养护难度	⭐⭐⭐⭐⭐

天锦章属很多品种大家都俗称它们为水泡，形态奇特，独具魅力，深受众多爱好者追捧。植株低矮，叶片肉质饱满，多为长圆筒形，顶端叶缘常有波浪形皱纹。聚伞花序，花筒圆柱形，娇小可爱，花期夏季。喜温暖、干燥和阳光充足环境。不耐严寒，耐干旱和半阴，忌强光和水湿。

太平乐

学名：*Adromischus herrei*

别名：朱唇石、苦瓜、翠绿石、大疣翠绿石水泡

植株低矮呈丛生状，叶片肉质饱满，呈纺锤形，放射状生长，表面粗糙，密布小疣突，形似苦瓜，有光泽。叶片青绿色或深绿色，经强光照射后呈紫红色。花期夏季，花钟形，绿色。

长绳串葫芦

学名：*Adromischus filicaulis* subsp. *marlothii*

植株低矮，叶片肉质饱满，长2～4厘米，无柄，呈较长的纺锤形，叶绿色有光泽，叶表密被微小暗白点。植株匍匐，茎上会长出气生根。

朱紫玉

学名：*Adromischus marianiae* 'Herrei'

低矮丛生，叶片纺锤形，放射状生长，表面粗糙，小疣突排列更加紧密，中间有明显的凹槽。叶片青绿色或深绿色，经强光照射后呈诱人的紫色。

花叶扁平章

学名：*Adromischus trigynus*

别名：赤兔水泡

　　植株矮小，有木质茎，黄白色，侧枝较短，群生。叶片肉质肥厚，扁平椭圆形，中部微宽，先端有小叶尖。叶表常年红白色，叶缘发红，有白红相间的粗糙斑点。

仙女杯属（*Dudleya*）

原 产 地	中美洲
生 长 型	夏型
浇　　水	●●○○○
光　　照	◉◉◉◉○
施　　肥	生长季每月施肥1次
繁殖方法	播种、扦插
养护难度	★★★★★

　　仙女杯属，因其叶表密被白粉，又称粉叶草属。叶片肉质饱满，无毛，绿色至灰色，呈莲座状生长于植株基部。聚伞花序顶生，花梗可高达1米，花瓣和萼片较小。通常生长在岩壁、崖面，或道路旁边，喜温暖干燥的气候，极不适应夏季高温潮湿的环境，特别注意通风。

格瑞内

学名：*Dudleya greenei*

别名：白菊

　　小型仙女杯品种，茎短小粗壮，分枝多易群生。叶片肉质饱满，长锥形，全年绿色，叶表密被白粉，呈莲座状生长于茎顶端。提醒花友们注意，最好不要用手直接触摸叶片，白粉粘在皮肤上会不舒服。

银波锦属（*Cotyledon*）

原产地	南非、西南非和阿拉伯南部
生 长 型	春秋型
浇　　水	🖤🖤🖤💧💧
光　　照	☀☀☀☀☀
施　　肥	生长季每月施肥1次
繁殖方法	播种、扦插
养护难度	★★★★★

小型灌木类多肉植物，叶片肉质肥厚，常呈倒卵形，交互对生或丛生，叶缘有波浪形凹陷，叶表常密被白毛或白粉。花钟形或筒形，红色、黄色或橙色，色彩艳丽，圆锥花序顶生，花期夏季。喜温暖、干燥和阳光充足环境，不耐寒，耐干旱，忌水湿和强光直射。

达摩福娘
学名：*Cotyledon* 'Pendens'

叶片肉质尖细狭长呈棒形，小巧可爱，淡绿色或嫩黄色，叶尖有时变红，叶表光滑无白粉。茎干较细，直立或匍匐状，分枝多，易群生。花钟形，暗红色，花期春末至夏初。

乒乓福娘
学名：*Cotyledon orbiculata* var. *dinteri* 'Pingpang'

叶片肉质对生，呈扁卵状至圆卵形，灰绿色，强光照射下叶尖变红，叶表密被白粉。花钟形下垂，红色或淡红黄色，圆锥花序，花期夏季。

轮回
学名：*Cotyledon orbiculata*

叶片交互对生，卵形至长卵形，被浓厚白粉，叶缘在春、秋季阳光下照射呈现红色。花橘红色。

熊童子

学名：*Cotyledon tomentosa*

别名：童子景天

　　小型灌木类多肉植物，叶片肉质肥厚，交互对生，呈卵形，叶缘顶部有波浪形凹陷，叶表绿色，密被白色茸毛，酷似小熊的脚掌，呆萌可爱。茎直立肉质，多分枝，深褐色。花钟形下垂，红色，花期夏末至秋季。

巧克力线

学名：*Cotyledon* 'Choco Line'

　　多年生肉质小灌木，有主茎，分枝多。叶片肉质肥厚，纺锤形，互生着生于分枝上。叶表蓝粉色，叶缘紫红色，有蜡质涂层。花钟形，橙色，花期冬季。（提示：本植物有毒）

熊童子黄锦

学名：*Cotyledon tomentosa* 'Yellow'

　　形态特征与熊童子类似，区别在于叶片上有不规则的黄色斑块。

熊童子白锦

学名：*Cotyledon tomentosa* 'White'

　　形态特征与熊童子类似，区别在于叶片上有不规则的白色斑块。

杂交属

白牡丹

学名：*Graptoveria* 'Tituban'

别名：咔哇

☀

杂 交 属	风车草属 × 石莲花属
生 长 型	夏型
浇　　水	🌢🌢◊◊◊
光　　照	☀☀☀☀☀
施　　肥	生长季每月施肥1次
繁殖方法	播种、扦插
养护难度	★★★★★

　　风车草属胧月与石莲花属静夜的杂交品种。叶片肉质饱满，卵圆形，先端尖，互生排列呈莲座状，灰白色至灰绿色，在强光照射下叶尖发红。聚伞花序，花期春季。白牡丹继承了胧月的抗性和静夜的美丽，是一种具有独特魅力又非常好养的多肉植物，适合新手花友练习。

黛比

学名：*Graptoveria* 'Debbie'

☀☀

杂 交 属	风车草属 × 石莲花属
生 长 型	春秋型
浇　　水	🌢🌢◊◊◊
光　　照	☀☀☀☀☀
施　　肥	生长季每月施肥1次
繁殖方法	播种、扦插
养护难度	★★★★★

　　风车草属和石莲花属杂交的后代。叶片肉质肥厚，长匙形，叶先端尖，互生排列呈莲座状，全年粉紫色，美丽诱人。花钟形，花期春季。黛比的生长季在春、秋两季，夏季休眠期也会稍有生长。喜欢温暖干燥和阳光充足的环境，耐干旱，适应性强，忌水湿。

蒂亚

学名：*Sedeveria* 'Letizia'

别名：绿焰

杂 交 属	景天属 × 石莲花属
生 长 型	春秋型
浇　　水	🌢🌢🌢◇◇
光　　照	☀☀☀☀○
施　　肥	生长季每月施肥1次
繁殖方法	扦插、分株
养护难度	★★★★★

　　景天属与石莲花属杂交的后代。叶片肉质肥厚，倒卵状楔形，叶先端有尖，排列呈莲座状，叶面绿色，强光照射下变红，鲜艳夺目，叶缘有极短的硬毛刺。茎多分枝，下部叶片随着生长逐渐脱落，较易形成老桩。花钟形，花期春季。喜温暖干燥和阳光充足的环境，适应性强，耐旱、耐寒、耐阴，忌暴晒，无休眠期。

格林

学名：*Graptoveria* 'Grimm'

杂 交 属	风车草属 × 石莲花属
生 长 型	夏型
浇　　水	🌢🌢◇◇◇
光　　照	☀☀☀☀○
施　　肥	生长季每月施肥1次
繁殖方法	扦插、分株
养护难度	★★★★★

　　风车草属和石莲花属的杂交后代。叶肉质肥厚，长匙形，先端急尖，互生排列呈莲座状，叶面粉蓝色至粉绿色，叶缘变红，光滑密被白粉。花钟形，花期春、夏季。喜温暖干燥和阳光充足的环境，耐干旱，适应性强，忌高温水湿，夏季要注意通风遮阴。

加州落日

学名：*Graptosedum* 'California Sunset'

杂 交 属	风车草属 × 石莲花属
生 长 型	夏型
浇 水	🌢🌢💧💧💧
光 照	☀☀☀☀☼
施 肥	生长季每月施肥1次
繁殖方法	扦插、分株
养护难度	★★★★★

　　景天科的风车草属和景天属的一种园艺杂交品种，株高15～30厘米，叶紧密排列呈莲座状，叶片披针形，肉质，表面光滑，翠绿色，在适宜的温差和光照下，叶片呈铜红色，非常漂亮。聚伞花序，小花白色，星形，花期冬末至初春。

马库斯

学名：*Sedeveria* 'Markus'

杂 交 属	景天属 × 石莲花属
生 长 型	春秋型
浇 水	🌢🌢🌢💧💧
光 照	☀☀☀☀☼
施 肥	生长季每月施肥1次
繁殖方法	扦插、分株
养护难度	★★★★★

　　景天属和石莲花属的杂交后代，叶片肉质饱满，匙形，全缘，先端尖，排列呈莲座状。叶面粉绿色，光滑被白粉，叶缘泛红，非常迷人。花星形，花期春末至夏初。喜温暖干燥和阳光充足的环境，适应性强，易生侧芽，生长较快，易形成多头老桩。

丘比特

学名：*Graptoveria* 'Topsy Debbie'

杂交属	特玉莲 × 黛比
生长型	春秋型
浇水	⚫⚫⚫⚪⚪
光照	⚫⚫⚫⚪⚪
施肥	生长季每月施肥1次
繁殖方法	扦插、分株
养护难度	★★★★★

　　叶形继承了特玉莲的特征，色彩与黛比一致，一年中多半时间均呈现粉红色，光线不足时可能变为粉蓝色。

长生草属（*Sempervivum*）

原产地	欧洲和非洲北部地区
生长型	冬型
浇水	⚫⚫⚪⚪⚪
光照	⚫⚫⚫⚪⚪
施肥	生长季每月施肥1次
繁殖方法	扦插、分株
养护难度	★★★★★

　　多年生肉质草本植物，通常植株低矮，叶片肉质披针形，轮生紧密排列呈莲座状，有时叶面密被白毛。花聚伞式圆锥花序，花星形，花期夏季。长生草属植物生命力较强，耐寒，抗逆性较强，忌高温水湿，栽培中要注意通风遮阴。

观音莲

学名：*Sempervivum tectorum*

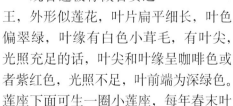

　　观音莲被称做普货之王，外形似莲花，叶片扁平细长，叶色偏翠绿，叶缘有白色小茸毛，有叶尖，光照充足的话，叶尖和叶缘呈咖啡色或者紫红色，光照不足，叶前端为深绿色。莲座下面可生一圈小莲座，每年春末叶丛下面还会长出类似吊兰的红色走茎。

绫缨

学名：*Sempervivum tectorum* ssp. *calcareum*

别名：铁观音

　　相比观音莲，叶色发白一点，叶片呈灰暗的绿色，叶缘有微小茸毛，叶片较硬，用手触摸会感觉扎手。光照充足时，叶片向中心靠拢，春秋季叶尖会变紫，是一种比较耐寒的品种。

百惠

学名：*Sempervivum calcareum* 'Jorden Oddifg'

　　易群生。叶片管状，绿色，呈莲座状排列。叶端有白色短毛，状态好时，叶端呈红棕色。

长生草

学名：*Sempervivum tommella*

　　叶片肉质，长倒卵形，叶先端尖，深绿色，叶尖发红，叶片螺旋状排列呈莲座状，叶缘有细锯齿。花星形，红色或粉色。

卷绢

学名：*Sempervivum arachnoideum*

别名：蛛丝卷绢

　　与长生草形态相似，区别在于卷绢叶尖顶端密被白毛，叶尖的白丝会相互缠绕，看起来像织满了蛛丝的网。

紫牡丹

学名：*Sempervivum* 'Stansfieldii'

　　叶片肉质，较卷绢厚一点，轮状排列呈莲座状，叶面中绿色至紫红色，叶缘有较短且硬的丝状毛。聚伞花序，花期夏季。

羊绒草莓

学名：*Sempervivum ciliosum*

　　叶片肉质，较薄，螺旋状排列呈莲座状，叶面绿色，强光照射下外部叶片发红，密被短纤毛，叶缘有长纤毛，像极了可爱的草莓。植株易生侧芽，随着生长易群生，非常漂亮。

菊科（Asteraceae）

　　菊科植物有草本或木本，叶互生，稀对生或轮生，全缘、具齿或分裂。花两性或单性，头状花序单生或数个至多数排列成总状、聚伞状、伞房状或圆锥状，瘦果。本科多肉植物主要介绍千里光属多肉植物。

千里光属（*Senecio*）

原产地	南非和非洲北部、印度东部及墨西哥
生长型	春秋型
浇水	🌢🌢🌢◇◇
光照	◉◉◉◇◇
施肥	生长季每月施肥1次
繁殖方法	扦插、分株
养护难度	★★★★★

　　多年生或一年生草本，直立，少数具有匍匐枝，平卧或稀攀援。茎具叶。叶不裂，基生叶三角形、提琴形，或羽状分裂，常有柄，无耳；茎生叶大头羽状或羽状分裂，少数不裂，边缘有少数锯齿，羽状脉，基部常有耳，常无柄。头状花序排成顶生简单或复伞房或圆锥聚伞花序，少数单生叶腋，有异形小花，有舌状花，或同形，无舌状花，直立或下垂，常具花序梗。果圆柱形，具肋，无毛或被柔毛。

海豚弦月

学名：*Senecio peregrinus*

别名：三爪上弦月

茎匍匐可下垂，叶片肉质饱满，形状三叉戟状，酷似海豚跃出水面的样子，非常可爱。叶表翠绿色，有光泽。喜水又耐阴，适合办公室栽植。

蓝松

学名：*Senecio serpens*

叶片肉质肥厚，半圆棒状，顶端尖，叶表具多条线沟，浅蓝灰色，强光照射下会变成绚丽的紫色。蓝松耐高温，不耐寒，忌水湿。

七宝树

学名：*Senecio articulates*

茎短圆柱状，直立，分节，灰绿色，极似笔杆。叶片肉质扁平，卵圆形，羽裂，叶面蓝绿色，具乳白色或粉红色斑纹。头状花序，花期春、秋季。

银月

学名：*Senecio haworthii*

叶片肉质肥厚，轮生，纺锤形，排列成松散的莲座状，叶面银白色，密被银白色细毛。花黄色，花期冬季至翌年春季。

苦苣苔科（Gesneriaceae）

多年生草木或灌木，多数具块茎。花序常为聚伞花序，蒴果。

大岩桐属（Sinningia）

原　产　地	南美州和中美洲
生　长　型	夏型
浇　　　水	🌢🌢◌◌◌
光　　　照	☀☀☀☀☀
施　　　肥	生长季每月施肥1次
繁殖方法	播种、扦插
养护难度	★★★★★

断崖女王

学名：*Sinningia leucotricha*

具块茎叶片倒卵形或椭圆形，叶表密被白色茸毛。花筒状，橙红色，花期夏季。

这个属的品种大多有块根，叶片肉质肥厚，卵圆形至椭圆形。花筒状、喇叭状或钟状，花期夏季。喜温暖、高湿和半阴环境。不耐寒，忌积水。

萝藦科

多数为多年生草本、藤本或攀缘灌木。多具乳汁，观赏价值极高。

球兰属

原　产　地	原产于亚洲东部和澳大利亚
生　长　型	夏型
浇　　　水	🌢🌢◌◌◌
光　　　照	☀☀☀☀☀
施　　　肥	生长季每月施肥1次
繁殖方法	播种、扦插、压条
养护难度	★★★★★

球兰

学名：*Hoya carnosa*

常绿肉质藤本，叶厚质，伞形花序，花小，星形，乳白色，副花冠中心紫红色。

球兰属为藤本植物。叶对生。腋生聚伞花序，花冠肉质，辐状，5裂，副花冠为5个肉质鳞片。

龙舌兰科（Agavaceae）

多年生草本，少数灌木。该科植物多数具根状茎或块茎。叶肉质肥厚，或稍带木质，常聚生于茎基部，叶尖和叶缘常有刺。总状、穗状、圆锥状、伞形花序顶生，或单生，花期长，故被称为世纪植物，花后植株凋亡。

虎尾兰属（Sansevieria）

原 产 地	非洲热带及印度等地
生 长 型	夏型
浇　　水	🌢🌢◇◇◇
光　　照	☀☀☀☀☀
施　　肥	生长季每月施肥1次
繁殖方法	分株、扦插
养护难度	★★★★★

虎尾兰

学名：*Sansevieria trifasciata*
别名：虎皮掌、虎皮兰、虎耳兰

多年生肉质草本，有粗短的匍匐根状茎。叶基生或生于短茎，粗厚，坚硬，常稍肉质，扁平、凹入或近圆柱状。花茎分枝或不分枝；花单生或几朵簇生，组成总状或圆锥花序。花梗有关节；花被下部管状，上部裂片6，裂片常外卷或展开。浆果较小，有1～3种子。

原产非洲热带和印度。喜温暖和光线充足的环境，但忌讳夏季的强光直射，耐干旱。生长适温为20～25℃。要求排水、透气的土壤。

虎尾兰是引入我国较早的观叶植物之一，为室内优良的观叶植物，它适应性强，易管理，深受养花爱好者的喜爱。虎尾兰品种多，株形和叶色变化较大，整体观赏效果古朴典雅，是点缀窗台、案几的佳品。

叶基生，常1～2枚，或3～6枚簇生，直立，硬革质，扁平，长线状披针形，长0.3～0.7米，宽3～5厘米，有白绿和深绿色相间的横带斑纹，边缘绿色，向下渐窄成柄。花茎高30～80厘米，基部有淡褐色膜质鞘；花淡绿或白色，3～8朵花簇生，组成总状花序。浆果径7～8毫米。花期冬季。

龙舌兰属（*Agave*）

原 产 地	美国南部地区和墨西哥
生 长 型	夏型
浇　　水	
光　　照	☀ ☀ ☀ ☀ ○
施　　肥	生长季每月施肥1次
繁殖方法	播种、分株
养护难度	★ ★ ★ ★ ★

多年生草本。茎很短或不明显。叶肉质肥厚，基生呈莲座状，表皮角质状，叶缘常有硬刺，叶尖具硬尖刺。花茎粗壮高大；穗状或圆锥花序顶生。喜温暖、干燥和阳光充足的环境。不耐寒，耐干旱和半阴，忌水湿。

吹上

学名：*Agave stricta*

龙舌兰属中的大中型品种，最大株幅可达1米。植株无茎，叶片线状披针形，中绿色，坚硬，呈放射状笔直丛生。花红紫色，花期夏季。

鬼脚掌

学名：*Agave victoriae reginae*

别名：世之雪、维多利亚龙舌兰

株幅可达40厘米。叶片肉质肥厚，三角状长圆形，先端细，腹面扁平，叶背呈龙骨状凸起，叶表绿色，有白色斑纹。总状花序，花米白色，花期夏季。拉丁名意在纪念维多利亚女王。

虚空藏

学名：*Agave paryi*

大型龙舌兰。叶子呈灰绿色，覆盖一层薄薄的白粉，顶端有一根刺，通常是深棕色、棕色或黑色。开花后特别壮观，呈黄色。

雷神

学名：*Agave potatorum*

别名：戟叶龙舌兰

多年生肉质草本植物。植株无茎，叶片肉质基生，倒卵状匙形，排列呈莲座状，叶面青绿色，密被白粉，叶缘具锈红色齿。总状花序，花黄色，花期夏季，老株在开花后死亡。

王妃雷神锦

学名：*Agave potatorum* var. *verschaffeltii* 'Compacta Variegata'

叶宽而短，青灰绿色，中央有黄白色条状斑块，与雷神相比，叶缘刺较少且短。

马齿苋科（Portulacaceae）

一年生或多年生草本。叶肉质全缘，托叶干膜质或刚毛状。聚伞、总状、圆锥花序。蒴果，种子肾形或球形。多肉植物主要集中在回欢草属、毛马齿苋属等5个属中，本书重点介绍马齿苋科回欢草属和马齿苋属。

回欢草属（Anacampseros）

原 产 地	非洲中南部、西南部和澳洲南部
生 长 型	夏型/春秋型
浇 水	◐◐◐◌◌◌/◐◐◐◐◌◌
光 照	☀☀☀☀☀/☀☀☀◌◌
施 肥	生长季每月施肥1次
繁殖方法	播种、扦插
养护难度	★★★★★

植株矮小，匍匐生长。叶片小，有托叶，托叶有两种形态，一种是纸质托叶，包住细小的叶，另一种肉质叶本身较大，托叶为丝状毛着生在叶基部。总状花序，花期夏季。喜温暖、干燥和阳光充足的环境，不耐寒，耐干旱和半阴，忌强光和水湿。

吹雪之松锦

学名：*Anacampseros telephiastrum* 'Variegata'

别名：春梦殿锦、斑叶回欢草

　　吹雪之松的斑锦品种，叶片肉质饱满，倒卵圆形，叶面颜色丰富，有绿色、红色、黄色，丝状毛托叶着生在叶基部。总状花序，花深粉色，花期夏季。夏型种。

马齿苋属（*Portulacaria*）

原 产 地	南非及非洲西南部
生 长 型	夏型
浇　　水	●●○○○○
光　　照	☀☀☀☀☀○
施　　肥	生长季每月施肥1次
繁殖方法	扦插
养护难度	★★★★★

　　多年生肉质灌木，主茎粗壮，多分枝，老枝木质化，呈红褐色至褐色。叶片肉质较小，圆形或倒卵形，互生或近对生或在茎上部轮生。聚伞花序或总状花序。喜温暖和阳光明亮的环境。不耐寒，耐干旱，忌水湿。

树马齿苋

学名：*Portulacaria afra* 'Variegata'

别名：金枝玉叶

　　多年生肉质灌木植物，株高一般3～4米，老茎紫褐色，嫩枝紫红色，具分枝。叶肉质对生，倒卵形，叶面绿色，有光泽，新叶叶缘有红晕。花粉红色。

雅乐之舞

学名：*Portulacaria afra* 'Foliisvariegatis'

　　树马齿苋的斑锦品种。株型秀美，色彩明快。老茎紫褐色，嫩枝紫红色，叶片大部分为黄白色，只有中央的一小部分为淡绿色，可吸收辐射，亦可吸收室内甲醛等物质，净化空气。

仙人掌科（Cactaceae）

　　在植物王国中，仙人掌科植物，无论是生长习性、外形姿态或品种数量，都堪称最奇异、最特殊的大家庭。仙人掌科植物有一个独有的特征，大多数仙人掌科植物都有刺座，也叫刺窝，刺座上可以长出叶芽、花芽或不定芽，以及刺、毛、花、茎节等，刺座上常生毛。

管状花属（*Cleistocactus*）

原 产 地	南美洲的巴西、玻利维亚、阿根廷及巴拉圭
生 长 型	夏型
浇　　水	●●○○○
光　　照	☀☀☀☀☆
施　　肥	生长季每月施肥1次
繁殖方法	播种、嫁接
养护难度	★★★★★

　　该属又称根毛柱属，是一类细长柱状的毛柱仙人掌类植物，其鲜红色或橙红色的花呈狭长管状，故得名"管状花属"。喜阳光充足的环境和凉爽的气候，耐寒，耐干旱，忌水湿。

吹雪柱

学名：*Cleistocactus strausii*

　　植株直立单生，株高约1米，体色鲜绿，具22～25个低棱，全株密被白色羊毛状细刺，富有光泽，极其美观。花长管状花，红色，花期夏季。

金琥属（*Echinocactus*）

原 产 地	美国南部和墨西哥高原干燥地区
生 长 型	夏型
浇　　水	🌑🌑⚪⚪⚪
光　　照	◐◐◐◐◐
施　　肥	生长季每月施肥1次
繁殖方法	播种、嫁接
养护难度	★★★★★

　　金琥属植物球体规整圆大，外观俊秀，刺粗大刚硬，颜色艳丽，它们不仅是植物园温室栽培的主要角色，更是花友们竞相搜集栽培的仙人掌种类。喜温暖、干燥和阳光充足的环境，不耐寒，耐干旱和半阴，忌水湿。

金琥

学名：*Echinocactus grusonii*

　　植株单生，圆球形，最大球茎可达1米左右。球体碧玉色，顶部密生金黄色茸毛。具23～37个棱脊高耸的直棱。棱上排列整齐的刺座。花金黄色，钟状花，花期春季至秋季。

裸琥

学名：*Echinocactus grusonii* var. *inermis*

别名：短刺金琥、无刺金琥

　　翠玉色的圆球体上均匀分布着21～35个脊缘疣突的直棱。棱峰上萌生着8～12枚不显眼的短小顿刺。花黄色，钟状，花期春季至秋季。属于珍贵而稀有的品种之一。

大龙冠

学名：*Echinocactus polycephalus*

　　圆形球，易群生，株高30～70厘米。具13～21棱，棱缘微呈波浪形。刺座生于棱脊突起处，刺具明显的环纹，辐射刺6～10枚；中刺4枚，淡红色。花红色。

锦绣玉属（*Parodia*）

原 产 地	南美洲的阿根廷北部及玻利维亚
生 长 型	夏型
浇　　水	🌑🌑💧💧💧
光　　照	☀☀☀☀☼
施　　肥	生长季每月施肥1次
繁殖方法	播种、嫁接
养护难度	★★★★★

　　该属植物是一类小圆球至卵形为主的植株。根据刺的形态特征不同，可分为直刺、曲刺、刺钩三个系。花顶生，钟状或漏斗状。喜温暖和阳光充足的环境，不耐寒，忌水湿。

英冠玉

学名：*Parodia magnifica*

　　植株初始小球形单生，后呈圆筒状，体色蓝绿色，群生。球体顶部附生白色茸毛，刺座密集，黄白色周刺12～15枚，褐色中刺8～12枚。花漏斗状，黄色，夜开昼闭。

强刺球属（*Ferocactus*）

原 产 地	美国南部及墨西哥高山地区
生 长 型	夏型
浇　　水	🌑🌑💧💧💧
光　　照	☀☀☀☀☼
施　　肥	生长季每月施肥1次
繁殖方法	播种、嫁接
养护难度	★★★★★

　　该属植物不仅球体圆大，而且刺都非常粗大、锐利，就像保卫领域的野兽一样，无声地提醒你不要轻易靠近。株形雄伟，刺强壮艳丽，对花友们具有很强的吸引力。喜温暖、干燥和阳光充足的环境，不耐寒，耐干旱和半阴，忌水湿。

勇状丸

学名：*Ferocactus robustus*

　　植株易群生，球径约10厘米，高15～20厘米，体色灰绿色，通常具8棱。周刺14～15枚；中刺3枚；新刺红色，老刺赤褐色。花黄色，钟状花。

乳突球属（*Mammillaria*）

原 产 地	墨西哥、美国南部等地
生 长 型	夏型
浇 水	🌑🌑💧💧💧
光 照	☀️☀️☀️☀️☀️
施 肥	生长季每月施肥1次
繁殖方法	播种、嫁接
养护难度	⭐⭐⭐⭐⭐

银手球

学名：*Mammillaria gracilis*

　　植株群生，小短圆筒形。单体球径
2～3厘米，体色灰绿色。白色刚毛样
短小周刺12～15枚；白色细针样中刺
1枚。花淡黄色，钟状花，花期春季。

　　乳突球属是仙人掌科植物中最大的
家族。该属植物是中、小型种类，棱由螺
旋状排列的疣状突起所组成。开花时，娇
小明艳的小铃铛花围绕着球体的生长点
成圈绽放，宛如在浑圆的植株上套着一
环精巧美丽的小环，显得格外引人注目。

丝苇属（*Rhipsalis*）

原 产 地	中美洲、南美洲热带密林
生 长 型	夏型
浇 水	🌑🌑💧💧💧
光 照	☀️☀️☀️☀️☀️
施 肥	生长季每月施肥1次
繁殖方法	播种、扦插
养护难度	⭐⭐⭐⭐⭐

猿恋苇

学名：*Rhipsalis salicornioides*

　　叶片退化，由短截纤细的圆柱状茎
构成，主茎直立，分枝匍匐或悬垂，无
刺，刺座有毛。花黄色，花期春季。

　　该属植物大部分为附生仙人掌类，
这类仙人掌植物像寄生植物般攀援附生
于其他树木上、岩石旁或在枯叶草堆中
丛生出来。大都具有细长、分枝而弯曲
的肉质茎，呈鞭状或具扁平叶状茎节，
分枝向四方下垂生长，不少种类都能开
出美丽的花朵。

蟹爪兰属（*Zygocactus*）

原 产 地	南美洲的巴西热带雨林
生 长 型	夏型
浇　　水	●●○○○
光　　照	☀☀☀☀☼
施　　肥	生长季每月施肥1次
繁殖方法	扦插、分株
养护难度	★★★★★

蟹爪兰

学名：*Zygocactus truncate*

　　该属只有一个品种，但园艺栽培种很多，花色艳丽，品种繁多。在每年圣诞节里，它们都会争先恐后地绽放出绚丽的花朵，迎接圣诞老人的到来，在欧美国家被称为"圣诞节仙人掌"。

　　植株呈附生攀援生长，茎节扁平叶状，边缘具尖齿形，首尾相连如螃蟹爪子，故此得名蟹爪兰。花被管明显弯曲，花形较长，形似兰花，花色丰富多彩，花期12月下旬至翌年2月上旬。

星球属（*Astrophytum*）

原 产 地	墨西哥北部和中部
生 长 型	夏型
浇　　水	●●○○○
光　　照	☀☀☀☀☼
施　　肥	生长季每月施肥1次
繁殖方法	播种、嫁接
养护难度	★★★★★

　　该属体形异于一般的球形仙人掌，棱的数量较少，星球有8个棱，鸾凤玉只有5个棱，四角鸾凤玉则有4棱，非常有趣。植株不一定有刺，有的连一根刺都没有，有的却生有坚硬的长刺。它们的植株上多数错落有致地点缀着细小白绒点，俗称"星点"。

星球

学名：*Astrophytum asterias*

别名：星兜

　　植株小型扁球形，最大球径8～10厘米，体色青绿色。具8个宽厚的低棱，球体上均匀分布着白色绒点，刺座无刺。花橙黄色，漏斗状，花期春季至秋季。

弯凤玉

学名：*Astrophytum myriostigma*

　　植株单生，圆球形至圆筒形，表面青绿色。具有5个棱脊宽厚的棱，球体呈对称五星状，星点细密。花橙黄色，漏斗状顶生，花期春季至夏季。

四角弯凤玉

学名：*Astrophytum myriostigma* var. *quadricostatum*

　　弯凤玉的变种，球体4棱，成正方形，表面深绿色。花淡黄色，漏斗状顶生，花期夏季。

螺旋般若

学名：*Astrophytum ornatum* ‘Coespitosa’

　　植株单生，圆球形至圆柱形，表面青灰绿色。具有8个缘薄脊高的棱，螺旋状排列，生有白色星点。周刺针状，5～8枚，中刺1枚。花明黄色顶生，花期春季至夏季。

岩牡丹属（*Ariocarpus*）

原 产 地	墨西哥
生 长 型	夏型
浇 水	◐◐◌◌◌
光 照	☀☀☀☀☼
施 肥	生长季每月施肥1次
繁殖方法	播种、嫁接
养护难度	★★★★★

植株单生，常有肥大的直根，无棱，具三角形或棱柱形的疣状突起，株形莲座状，常无刺。喜阳光充足、干燥的环境，不耐寒。花友们戏称"牡丹类"仙人掌，是珍稀品种之一。

龟甲牡丹

学名：*Ariocarpus fissuretus*

植株单生，株型莲座状，表面青绿色至灰绿色，疣状突起呈三角形，上表皮皱裂成深且纵走的沟纹，沟内密被乳白色绒毛。花粉色，花期秋季。

龙舌兰牡丹

学名：*Ariocarpus agavoide*

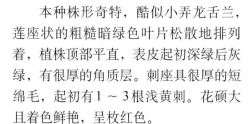

本种株形奇特，酷似小弄龙舌兰，莲座状的粗糙暗绿色叶片松散地排列着，植株顶部平直，表皮起初深绿后灰绿，有很厚的角质层。刺座具很厚的短绵毛，起初有1～3根浅黄刺。花硕大且着色鲜艳，呈枚红色。

黑牡丹

学名：*Ariocarpus kotschoubeyanus* 'Bluete'

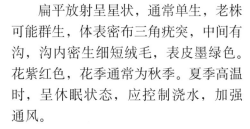

扁平放射呈星状，通常单生，老株可能群生，体表密布三角疣突，中间有沟，沟内密生细短绒毛，表皮墨绿色。花紫红色，花季通常为秋季。夏季高温时，呈休眠状态，应控制浇水，加强通风。

多肉植物中文索引

INDEX

A

AK玛利亚 / 109

阿尔巴比缇 / 109

艾伦 /95

爱染锦 / 102

昂斯诺 / 109

奥利维亚 / 114

B

八千代 /98

白鹭 / 105

白拍子 /88

白凤 / 110

白花小松 / 123

白牡丹 / 128

白夜香槟 / 110

白银寿 /78

百惠 / 132

半球星乙女 / 105

薄雪万年草 /98

苯巴蒂斯 / 110

冰莓 / 110

冰玉 / 111

波米那花 /93

不夜城 /76

布纹球 /83

C

长生草 / 132

长绳串葫芦 / 124

长寿花 /96

赤鬼城 / 106

吹上 / 137

吹雪之松锦 / 139

吹雪柱 / 140

春萌 /99

丛珊瑚 / 107

村上 /99

D

达摩福娘 / 126

大龙冠 / 141

黛比 / 128

帝玉 /85

帝玉露 /79

蒂亚 / 129

东云乌木 / 111

东云缀化 / 111

斗牛士 / 111

杜万里莲 / 112

断崖女王 / 135

F

飞龙 /83

粉山地玫瑰 / 102

粉兔 / 112

佛甲草 /99

芙蓉雪莲 / 112

福来玉 /88

富贵玉 /89

G

格林 / 129

格瑞内 / 125

观音莲 / 131

光玉 /86

龟甲牡丹 / 146

鬼脚掌 / 137

裹纹冰灯OB1/79

H

海琳娜 / 112

海豚弦月 / 134

荷花 / 113

赫拉 / 113

黑法师 / 103

黑法师锦 / 103

黑牡丹 / 146

黑王子 / 113

黑爪 / 114

红宝石 / 114

红背椒草 /92

红窗玉 /89
红缘东云 / 114
虎尾兰 /136
琥珀玉露 /80
花叶扁平章 /125
花叶红雀珊瑚 /84
华丽风车 /93
荒玉 /89
黄金花月 / 107
黄金万年草 /98
黄丽 / 100
回声 / 115

J

鸡蛋山地玫瑰 / 102
姬莲 / 115
姬凌锦 /81
姬胧月 /94
姬秋丽 /94
姬玉露 /80
吉娃莲 / 115
寂光 /88
加州落日 / 130
金琥 / 141
金铃 /91
锦司晃 / 115
卷绢 /132

L

蓝豆 /94
蓝姬莲 / 116
蓝鸟 / 116
蓝色惊喜 / 116
蓝松 / 134
劳尔 / 100

劳伦斯 / 116
雷神 / 138
李夫人 /89
绫锦 /77
绫缨 / 132
琉璃晃 /84
龙舌兰牡丹 / 146
鸾凤玉 / 145
轮回 / 126
螺旋般若 / 145
裸琥 / 141
绿珊瑚 /84
绿爪 / 117

M

马库斯 / 130
迈达斯国王 / 117
梦椿 / 108
魔爪 / 117
墨西哥花月夜 / 117
墨西哥姬莲 / 118
木樨景天 / 100

N

娜娜小勾 / 118
奶蛋 /95
奶酪 /95

P

乒乓福娘 / 126
葡萄 /95

Q

七宝树 / 134
七福神 / 118

茜之塔 / 108
巧克力线 / 127
亲鸾 /85
丘比特 / 131
球兰 / 135

R

日轮玉 /90
日月潭寿 /78
绒针 / 108
瑞典魔南 / 104
瑞鹤 /81

S

三色堇 / 118
沙漠玫瑰 /93
韶羞法师 / 103
圣诞芦荟 /76
十字星锦 / 106
树马齿苋 / 139
水晶掌 /80
四海波 /87
四角鸾凤玉 / 145
酥皮鸭 / 119

T

塔叶椒草 /92
太平乐 / 124
泰迪熊 /96
唐扇 /86
桃美人 /97
桃之卵 /94
特玉莲 / 119
天狗之舞 / 108
天狼星 / 119

天使之泪 / 100
筒叶花月 / 107

W

丸贵玉 /90
丸叶万年草 /99
晚霞 / 119
晚霞之舞 / 120
王妃雷神锦 / 138
微纹玉 /90

X

西山寿 /79
小红衣 / 120
小美女 / 101
小米星锦 /106
小妖精 /120
蟹爪兰 /144
新花月锦 /107
新玉缀 /101
信东尼 /101
星美人 /97
星球 / 145

星王子 /106
星乙女 /105
熊童子 /127
熊童子白锦 / 127
熊童子黄锦 / 127
秀岩 / 120
虚空藏 /137
旋转芦荟 /77
雪花玉露 /80
雪兔 / 121

Y

雅乐之舞 /140
亚龙木 /82
亚森丹斯树 /82
艳日辉 /104
羊绒草莓 /133
乙姬牡丹 /101
银手球 /143
银月 / 134
英冠玉 /142
婴儿手指 /97
缨水晶 /81

勇状丸 /142
雨滴 /121
玉杯东云 /121
玉蝶 / 113
玉露寿 /79
玉扇 /81
玉珠东云 /122
圆叶罗西玛 / 122
圆叶黑法师 / 103
猿恋苇 /143
月兔耳 /96
月光女神 /121

Z

纸风车 /122
朱紫玉 /124
子宝 /77
紫罗兰女王 /122
紫牡丹 /133
紫勋 /90
紫珍珠 /123

图书在版编目（CIP）数据

多肉初学者手册 / 新锐园艺工作室主编. —北京：
中国农业出版社，2018.2
（扫码看视频：轻松学技术丛书）
ISBN 978-7-109-23540-3

Ⅰ．①看… Ⅱ．①新… Ⅲ．①多浆植物－观赏园艺－
图解 Ⅳ．①S682.33-64

中国版本图书馆CIP数据核字(2017)第283388号

中国农业出版社出版
（北京市朝阳区麦子店街18号楼）
（邮政编码 100125）
责任编辑 国 圆 郭晨茜

北京中科印刷有限公司印刷 新华书店北京发行所发行
2018年2月第1版 2018年2月北京第1次印刷

开本：700mm×1000mm 1/16 印张：10
字数：240千字
定价：49.00 元
（凡本版图书出现印刷、装订错误，请向出版社发行部调换）